"十二五"职业教育国家规划教材配套用书

全国交通土建高职高专规划教材

Gongcheng Celiang Shixun Zhidao

工程测量实训指导

（第 2 版）

马真安　阿巴克力　**主编**
　　　　张保成　**主审**

指导教师＿＿＿＿＿＿＿＿

班　　级＿＿＿＿＿＿＿＿

姓　　名＿＿＿＿＿＿＿＿

学　　号＿＿＿＿＿＿＿＿

人民交通出版社股份有限公司
China Communications Press Co.,Ltd.

内 容 提 要

本书为"十二五"职业教育国家规划教材、全国交通土建高职高专规划教材《工程测量(第4版)》(李仕东主编)之配套用书。全书分为两个部分：第一部分是工程测量课间实训指导；第二部分是工程测量综合实训指导。附录包括附录一 国家职业技能鉴定规范、附录二 国家工人技术等级标准、附录三 工程测量工技能知识要求试题。

本书可作为道路桥梁工程技术专业、工程监理专业等交通土建类专业各类职业技术教育教学用书，也可作为岗位技能培训教材使用。

图书在版编目(CIP)数据

工程测量实训指导 / 马真安，阿巴克力主编. — 2版. — 北京：人民交通出版社股份有限公司，2019.7
ISBN 978-7-114-15479-9

Ⅰ.①工… Ⅱ.①马… ②阿… Ⅲ.①工程测量—高等职业教育—教材 Ⅳ.①TB22

中国版本图书馆 CIP 数据核字(2019)第 070862 号

"十二五"职业教育国家规划教材配套用书
全国交通土建高职高专规划教材

书　　　名：工程测量实训指导(第 2 版)
著　作　者：马真安　阿巴克力
责任编辑：岑　瑜
责任校对：刘　芹
责任印制：刘高彤
出版发行：人民交通出版社股份有限公司
地　　　址：(100011)北京市朝阳区安定门外外馆斜街 3 号
网　　　址：http://www.ccpcl.com.cn
销售电话：(010)59757973
总 经 销：人民交通出版社股份有限公司发行部
经　　销：各地新华书店
印　　刷：北京虎彩文化传播有限公司
开　　本：787×1092　1/16
印　　张：10.75
字　　数：243 千
版　　次：2005 年 12 月　第 1 版
　　　　　2019 年 7 月　第 2 版
印　　次：2024 年 7 月　第 3 次印刷　总第 25 次印刷
书　　号：ISBN 978-7-114-15479-9
定　　价：28.00 元

(有印刷、装订质量问题的图书由本公司负责调换)

第二版前言

根据高职高专技术应用型人才培养目标的要求,为了使高职道路桥梁工程技术及相关专业的学生更好地掌握测量实用技术,在其进行《工程测量》课程学习的基础上,结合其测量实训需要,编写了《工程测量实训指导》。第1版教材经过十多年的使用,得到了各高职院校师生的认可。随着测量技术的不断进步,特别是测量仪器设备的升级换代,第1版教材有些内容已经过时,一些测量仪器已被淘汰,因此在广泛收集相关使用意见的基础上,结合目前工程测量中普遍使用的技术和设备,以及当前教学中测量实训的发展和变化,对第1版教材进行了修订。

在第2版教材的修订中,加大了对全站仪和GPS接收机的实训比例,主要侧重于全站仪坐标测量与坐标放样、GPSRTK坐标数据采集与坐标放样的实训。由于全站仪和GPS接收机型号众多,本教材主要阐述其共性操作的步骤,各院校可结合本校实际情况对接具体型号设备说明书配合使用,使高职学生通过在校实训,能较快掌握工作岗位中对于不同型号测量仪器的操作技能,实现与工作现场零距离对接。

本书由辽宁交通高等专科学校马真安、新疆交通职业技术学院阿巴克力担任主编,吉林交通职业技术学院李长成、河北交通职业技术学院翟晓静参加了部分内容的编写。本书为李仕东主编的普通高等教育"十一五"国家级规划教材、全国交通土建高职高专规划教材《工程测量》(第4版)的配套教材,其中带*号的实训内容可供各校根据自己情况选做。

由于编者水平所限,再加上时间仓促,书中难免有不妥之处,恳请业内专家与广大读者指正。

编　者

2019年4月

第一版前言

　　根据高职高专培养技术应用型人才的目标要求,为了使土建类、测绘类专业的同学更好地掌握实用测量技术,特编写了《工程测量实训指导》。本指导书共分两部分,第一部分为《工程测量》课间实训,共编写了十七项实训,不同专业可以根据课时不同选做部分实训或合并部分实训内容;第二部分为工程测量综合实训安排与指导;附录内容是:根据目前高职高专院校所倡导的"双证书"教育而编写的工程测量工中、高级职业技能鉴定规范,以及工程测量工技能知识要求试题供同学们参考。

　　本书由辽宁交通高等专科学校的马真安、新疆交通职业技术学院的阿巴克力两位老师担任主编,吉林交通职业技术学院的李长成、河北交通职业技术学院的瞿晓静老师参加了部分内容的编写。

　　2005年6月在吉林交通职业技术学院召开了本书审稿会,会上与会代表对本书的编写大纲及初稿进行了认真的审议。

　　全国交通土建高职高专规划教材编审委员会特邀内蒙古大学张保成教授担任本书主审。张教授认真审阅了本书终稿,并提出许多宝贵的修改建议,在此向张教授深表谢意。

　　本书为李仕东主编的普通高等教育"十一五"国家级规划教材、全国交通土建高职高专规划教材《工程测量》(第三版)配套使用的教学用书,其中带*号的实训内容各校可以根据自己情况选做。由于编者水平所限和时间仓促,书中难免有不妥之处,恳请业内专家与广大读者指正。

编　者

2005年7月

目录

工程测量实训总则 ………………………………………………………………… 1

第一部分 工程测量课间实训指导 ………………………………………… 5
实训一　水准仪的认识与技术操作 …………………………………………… 5
实训二　普通水准测量 ………………………………………………………… 11
实训三　微倾式水准仪的检验与校正 ………………………………………… 17
实训四　自动安平水准仪的认识与技术操作* ………………………………… 21
实训五　四等水准测量* ………………………………………………………… 25
实训六　经纬仪的认识与技术操作 …………………………………………… 31
　（Ⅰ）DJ_6 级光学经纬仪的认识与技术操作 ………………………………… 31
　（Ⅱ）DJ_2 级光学经纬仪的认识与技术操作 ………………………………… 37
实训七　用测回法观测水平角 ………………………………………………… 41
实训八　竖直角观测 …………………………………………………………… 47
实训九　DJ_6 级光学经纬仪的检验与校正 …………………………………… 53
实训十　全站仪的基本操作与使用 …………………………………………… 59
实训十一　全站仪导线测量 …………………………………………………… 65
实训十二　全站仪三维坐标测量 ……………………………………………… 71
实训十三　经纬仪测绘法测图 ………………………………………………… 77
实训十四　圆曲线主点测设 …………………………………………………… 83
实训十五　圆曲线详细测设 …………………………………………………… 87
　（Ⅰ）切线支距法详细测设圆曲线 …………………………………………… 87
　（Ⅱ）偏角法详细测设圆曲线* ……………………………………………… 91
实训十六　带有缓和曲线段的平曲线详细测设 ……………………………… 95
　（Ⅰ）用切线支距法测设带有缓和曲线段的平曲线 ………………………… 95
　（Ⅱ）用偏角法测设带有缓和曲线段的平曲线* …………………………… 101
实训十七　全站仪坐标放样 …………………………………………………… 107
实训十八　GNSS-RTK 点位放样 ……………………………………………… 113
实训十九　中平测量(用水准仪进行中平测量) ……………………………… 121
实训二十　高程及坡度放样 …………………………………………………… 127

第二部分　工程测量综合实训指导 …………………………………………………… 135

附录 ……………………………………………………………………………………… 151
　　附录一　国家职业技能鉴定规范 …………………………………………………… 151
　　附录二　国家工人技术等级标准 …………………………………………………… 156
　　附录三　工程测量工技能知识要求试题 …………………………………………… 159

参考文献 ………………………………………………………………………………… 164

工程测量实训总则

一、测量实训规定

1. 在实训之前,必须复习《工程测量》教材中的有关内容,认真仔细地预习本书,以明确目的,了解任务,熟悉实训步骤或实训过程,注意有关事项,并准备好所需文具用品。
2. 实训分小组进行,组长负责组织协调工作,办理所用仪器工具的借领和归还手续。
3. 实训应在规定的时间进行,学生不得无故缺席或迟到早退;实训应在指定的场地进行,相关人员不得擅自改变地点或离开现场。
4. 必须遵守下面列出的"测量仪器工具的借领与使用规则"和"测量记录与计算规则"。
5. 学生应服从教师的指导,严格按照本书的要求认真、按时、独立地完成任务。每项实训都应取得合格的成果,提交书写工整、规范的实训报告或实训记录,经指导教师审阅同意后,才可交还仪器工具,结束工作。
6. 在实训过程中,还应遵守纪律,爱护现场的花草、树木和农作物,爱护周围的各种公共设施,任意砍折、踩踏或损坏者应予赔偿。

二、测量仪器工具的借领与使用规则

对测量仪器工具的正确使用、精心爱护和科学保养,是测量人员必须具备的素质和应该掌握的技能,也是保证测量成果质量、提高测量工作效率和延长仪器工具使用寿命的必要条件。在仪器工具的借领与使用中,必须严格遵守下列规定:

(一)仪器工具的借领

1. 实训时,凭学生证到仪器室办理借领手续,以小组为单位领取仪器工具。
2. 借领时应该当场清点检查:实物与清单是否相符;仪器工具及其附件是否齐全;背带及提手是否牢固;三脚架是否完好等。如有缺损,可以补领或更换。
3. 离开借领地点之前,必须锁好仪器并捆扎好各种工具。搬运仪器工具时,必须轻取轻放,避免剧烈震动。
4. 借出仪器工具之后,不得与其他小组擅自调换或转借。
5. 实训结束,应及时收装仪器工具,送还借领处检查验收,办理归还手续。如有遗失或损坏,应写出书面报告说明情况,并按有关规定给予赔偿。

(二)仪器的安置

1. 在三脚架安置稳妥之后,方可打开仪器箱。开箱前应将仪器箱放在平稳处,严禁托在手上或抱在怀里。

2. 打开仪器箱之后,要看清并记住仪器在箱中的安放位置,避免以后装箱困难或错装情况。

3. 提取仪器之前,应先松开制动螺旋,再用双手握住支架或基座,轻轻取出仪器将其放在三脚架上,保持一手握住仪器,一手拧连接螺旋,最后旋紧连接螺旋,使仪器与三脚架连接牢固。

4. 装好仪器之后,注意随即关闭仪器箱盖,防止灰尘和湿气进入箱内。严禁坐在仪器箱上。

(三)仪器的使用

1. 仪器安置之后,不论是否操作,必须有人看护,防止无关人员搬弄或行人、车辆碰撞仪器。

2. 在打开物镜时或在观测过程中,如发现灰尘,可用镜头纸或软毛刷轻轻拂去,严禁用手指或手帕等物擦拭镜头,以免损坏镜头上的镀膜。观测结束后应及时套好镜盖。

3. 转动仪器时,应先松开制动螺旋,再平稳转动。使用微动螺旋时,应先旋紧制动螺旋。

4. 制动螺旋应松紧适度,不要将微动螺旋和脚螺旋旋到顶端,使用各种螺旋都应均匀用力,以免损伤螺纹。

5. 在野外使用仪器时,应以测伞遮挡,严防日晒雨淋。

6. 在仪器发生故障时,应及时向指导教师报告,不得擅自处理。

(四)仪器的搬迁

1. 在行走不便的地区迁站或远距离迁站时,必须将仪器装箱之后再搬迁。

2. 短距离迁站时,可将仪器连同三脚架一起搬迁。其方法是:先取下垂球,检查并旋紧仪器连接螺旋,松开各制动螺旋使仪器保持初始位置(经纬仪望远镜物镜对向度盘中心,水准仪的水准器向上);再收拢三脚架,左手握住仪器基座或支架放在胸前,右手抱住三脚架放在肋下,稳步行走。严禁斜扛仪器,以防碰摔。

3. 搬迁时,小组其他人员应协助观测员带走仪器箱和有关工具。

(五)仪器的装箱

1. 每次使用仪器之后,应及时清除仪器上的灰尘及三脚架上的泥土。

2. 仪器拆卸时,应先将仪器脚螺旋调至大致同高的位置,再一手扶住仪器,一手松开连接螺旋,双手取下仪器。

3. 仪器装箱时,应先松开各制动螺旋,使仪器就位正确,试关箱盖确认放妥后,再拧紧制动螺旋,然后关箱上锁。若合不上箱口,切不可强压箱盖,以防压坏仪器。

4. 清点所有附件和工具,防止遗失。

(六)测量工具的使用

1. 钢尺的使用:应防止扭曲、打结和折断,防止行人踩踏或车辆碾压,尽量避免尺身着水。携尺前进时,应将尺身提起,不得沿地面拖行,以防损坏刻划。钢尺用完后应擦净、涂油,以防生锈。

2. 皮尺的使用:应均匀用力拉伸,避免着水、车压。如果皮尺受潮,应及时晾干。

3. 各种标尺、花杆的使用:应注意防水、防潮,防止受横向压力,不能磨损尺面刻划的漆皮,使用完毕应安放稳妥。此外,对于塔尺的使用,还应注意接口处的正确连接,使用后及时收尺。

4. 测图板的使用:应注意保护板面,不得乱写乱画,不能施以重压。

5. 小件工具如垂球、测钎、尺垫等的使用:使用完即收,防止遗失。

6. 所有测量工具都应保持清洁,由专人保管、搬运,不能随意放置,更不能作为捆扎、抬、担的他用工具。

三、测量记录与计算规则

测量记录是外业观测成果的记载和内业数据处理的依据。在测量记录或计算时必须严肃认真,一丝不苟,严格遵守下列规则:

1. 在测量记录之前,准备好硬芯(2H 或 3H)铅笔,同时熟悉记录表上各项内容及其填写、计算方法。

2. 记录观测数据之前,应将记录表头的仪器型号、日期、天气、测站、观测者及记录者姓名等无一遗漏地填写齐全。

3. 观测者读数后,记录者应随即在测量记录表上的相应栏内填写,并复诵回报以资检核。不得另纸记录、事后转抄。

4. 记录时要求字体端正清晰,数位对齐,数字对齐。字体的大小一般占格宽的1/2～1/3,字脚靠近底线;表示精度或占位的"0"(例如水准尺读数 1.500 或 0.234,度盘读数 93°04′00″)均不可省略。

5. 观测数据的尾数不得更改,读错或记错后必须重测重记。例如,角度测量时,秒级数字出错,应重测该测回;水准测量时,毫米级数字出错,应重测该测站;钢尺量距时,毫米级数字出错,应重测该尺段。

6. 观测数据的前几位若出错时,应用细横线画去错误的数字,并在原数字上方写出正确的数字。注意不得涂擦已记录的数据。禁止连环更改数字,例如,水准测量中的黑、红面读数,角度测量中的盘左、盘右,距离丈量中的往、返量等,均不能同时更改,否则重测。

7. 记录数据修改后或观测成果作废后,都应在备注栏内写明原因(如测错、记错或超限等)。

8. 每站观测结束后,必须在现场完成规定的计算和检核,确认无误后方可迁站。

9. 数据运算应根据所取位数,按"4 舍 6 入,5 前单进双舍"的规则进行凑整。例如对 1.4244m、1.4236m、1.4235m、1.4245m 这几个数据,若取至毫米位,则均应记为 1.424m。

10. 应该保持测量记录的整洁,严禁在记录表上书写无关内容,更不得丢失记录表。

第一部分 工程测量课间实训指导

实训一　水准仪的认识与技术操作

一、目的与要求

1. 认识水准仪的一般构造。
2. 熟悉水准仪的操作方法。

二、仪器与工具

1. 由仪器室借领：DS_3 水准仪1台、水准尺1根、记录板1块、测伞1把。
2. 自备：铅笔、草稿纸。

三、实训方法与步骤

1. 指导教师讲解水准仪的构造及操作方法。
2. 安置和粗平水准仪。水准仪的安置主要是整平圆水准器，使仪器概略水平。做法是：选好安置位置，将仪器用连接螺旋紧固在三脚架上，先踏实两脚架尖，摆动另一只脚架使圆水准器气泡概略居中，然后转动脚螺旋使气泡居中。

转动脚螺旋使气泡居中的操作方法是：气泡需要向哪个方向移动，左手拇指就向哪个方向转动脚螺旋。见图1-1a)，气泡偏离在 a 的位置，首先按箭头所指的方向同时转动脚螺旋①和②，使气泡移到 b 的位置；再见图1-1b)，按箭头所指方向转动脚螺旋③，使气泡居中。

3. 用望远镜照准水准尺，并且消除视差。

首先用望远镜对着明亮背景，转动目镜对光螺旋，使十字丝清晰可见。然后松开制动螺旋，转动望远镜，利用镜筒上的准星和照门照准水准尺，旋紧制动螺旋。再转动物镜对光螺旋，使尺像清晰。此时，如果眼睛上、下晃动，十字丝交点总是指在标尺物像的一个固定位置，即无视差现象，如图1-2a)所示。如果眼睛上、下晃动，十字丝横丝在标尺上错动就是有

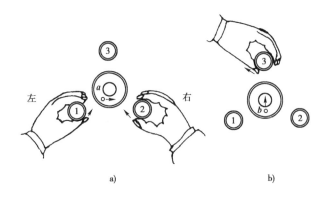

图 1-1

视差,说明标尺物像没有呈现在十字丝平面上,如图1-2b)所示。若有视差,将影响读数的准确性。消除视差时要仔细进行物镜对光,使水准尺看得最清楚,这时如十字丝不清楚或出现重影,再旋转目镜对光螺旋,直至完全消除视差为止,最后利用微动螺旋使十字丝精确照准水准尺。

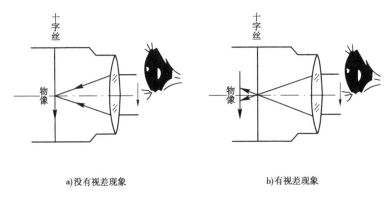

a)没有视差现象　　　　b)有视差现象

图 1-2

4. 精确整平水准仪。

转动微倾螺旋使管水准器的符合水准气泡两端的影像符合,如图1-3所示。转动微倾螺旋要稳重,慢慢地调节,避免气泡上下不停错动。

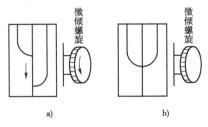

图 1-3

5. 读数。

以十字丝横丝为准读出水准尺上的数值,读数前,要对水准尺的分划、注记分析清楚,找出最小刻划单位,整分米、整厘米的分划及米数的注记。先估读毫米数,再读出米、分米、厘米数。要特别注意不要错读单位和发生漏"0"现象。读数后,应立即查看气泡是否仍然符合,否则应重新使气泡符合后再读数。

四、注意事项

1. 安置仪器时应将仪器中心连接螺旋拧紧,防止仪器从三脚架上脱落下来。
2. 水准仪为精密光学仪器,在使用中要按照操作规程作业,要正确使用各个螺旋。
3. 在读数前务必将水准器的符合水准气泡严格符合,读数后应复查气泡符合情况,发现气泡错开,应立即重新将气泡符合后再读数。
4. 转动各螺旋时要稳、轻、慢,不能用力太大。
5. 在实训过程中要及时填写实训报告。发现问题时,要及时向指导教师汇报,不能自行处理。
6. 水准尺必须要有人扶着,绝不能立在墙边或靠在电杆上,以防摔坏水准尺。
7. 螺旋转到底要反转回来少许,切勿继续再转,以防脱扣。

五、上交资料

每人上交《水准仪的认识与技术操作实训报告》一份。

实训一　水准仪的认识与技术操作实训报告

日期：　　　　　班级：　　　　　组别：　　　　　姓名：　　　　　学号：

实训题目	水准仪的认识与技术操作		成绩	
实训目的				
主要仪器及工具				

1. 在下图引出的标线上标明仪器该部件的名称。

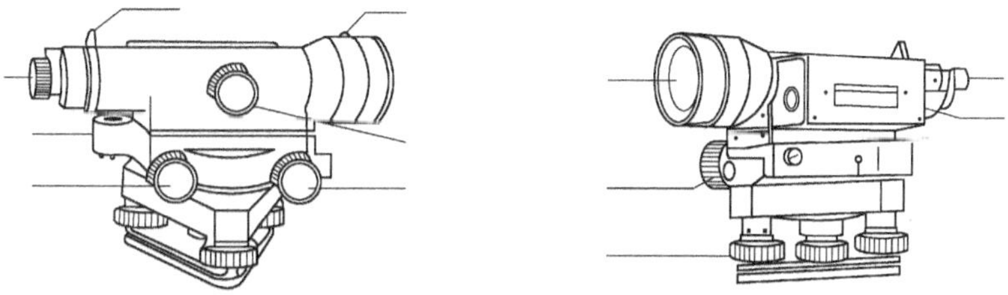

2. 用箭头标明如何转动三只脚螺旋，使下图所示的圆水准气泡居中。

3. 简述消除视差的步骤：

4. 简述使用微倾式水准仪进行水准测量前，分别如何操作使仪器圆水准气泡和管水准气泡居中。

5. 实训总结：

9

实训二　普通水准测量

一、目的与要求

1. 熟悉水准仪的构造及使用方法。
2. 掌握普通水准测量的实际作业过程。
3. 施测一闭合水准线路,计算其闭合差。

二、仪器与工具

1. 由仪器室借领:DS_3 水准仪 1 台、水准尺 2 根、记录板 1 块、尺垫 2 个。
2. 自备:计算器、铅笔、小刀、草稿纸。

三、实训方法与步骤

1. 全组共同施测一条闭合水准路线,其长度以安置 6～8 个测站为宜。确定起始点及水准路线的前进方向。人员分工是:两人扶尺,一人记录,一人观测。施测 2～3 站后轮换工作。

2. 在每一站上,观测者首先应整平仪器,然后照准后视尺,对光、调焦、消除视差。慢慢转动微倾螺旋,将管水准器的气泡严格符合后,读取中丝读数,记录员将读数记入记录表中。读完后视读数,紧接着照准前视尺,用同样的方法读取前视读数。记录员把前、后视读数记好后,应立即计算本站高差。

3. 用上述"2."叙述的方法依次完成本闭合线路的水准测量。

4. 水准测量记录要特别细心,当记录者听到观测者所报读数后,要回报观测者,经默许后方可记入记录表中。观测者应注意复核记录者的复诵数字。

5. 观测结束后,立即算出高差闭合差 $f_h = \sum h_i$,如果 $f_h \leqslant f_{h容}$,说明观测成果合格,即可算出各立尺点高程(假定起点高程为 500m);否则,要进行重测。

四、注意事项

1. 水准测量工作要求全组人员紧密配合,互谅互让。禁止争吵打闹。
2. 中丝读数一般以米为单位时,读数保留小数点后三位,记录员也应记满四个数字,"0"不可省略。

3. 扶尺者要将尺扶直,与观测人员紧密配合,选择好立尺点。

4. 水准测量记录中严禁涂改、转抄,不准用钢笔、圆珠笔记录,字迹要工整、记录表要清洁。

5. 每站水准仪置于前、后尺距离基本相等处,以消除或减少视准轴不平行于水准管轴的误差及其他误差的影响。

6. 在转点上立尺,读完上一站前视读数后,在下站的测量工作未完成之前绝对不能触动尺垫或弄错转点位置。

7. 为校核每站高差的正确性,应按变换仪器高度的方法进行施测,以求得平均高差值作为本站的高差。

8. 限差要求:同一测站两次仪器高所测高差之差应小于5mm;水准路线高差闭合差的容许值为 $f_{h容} = \pm 40\sqrt{n}$ (或 $\pm 12\sqrt{n}$)mm,n 为测站数。

五、上 交 资 料

1. 每人上交合格的"普通水准测量记录表"一份。
2. 每人上交"普通水准测量实训报告"一份。

实训二 普通水准测量记录表

测点	后视读数(m)	前视读数(m)	高差(m)	高程(m)	备 注
Σ			$\sum h =$		

仪器型号：　　　　日期：　　　　班级：　　　　观测：
工程名称：　　　　天气：　　　　组别：　　　　记录：

实训二 普通水准测量实训报告

日期：　　　　班级：　　　　组别：　　　　姓名：　　　　学号：

实训题目	普通水准测量		成绩	
实训目的				
主要仪器及工具				
实训场地布置草图					
实训主要步骤					
实训总结					

实训三 微倾式水准仪的检验与校正

一、目的与要求

1. 认识微倾式水准仪的主要轴线及它们之间所具备的几何关系。
2. 掌握水准仪的检验方法。
3. 了解水准仪的校正方法。

二、仪器与工具

1. 由仪器室借领：DS_3 水准仪 1 台、水准尺 2 根、尺垫 2 个、木桩 2 个、斧子 1 把、校正针 1 根。
2. 自备：计算器、铅笔、小刀、草稿纸。

三、实训方法与步骤

1. 一般性检验。

安置仪器后，首先检验：三脚架是否牢固；制动螺旋和微动螺旋、微倾螺旋、对光螺旋、脚螺旋等是否有效；望远镜成像是否清晰等。同时了解水准仪各主要轴线及其相互关系。

2. 圆水准器轴平行于仪器竖轴的检验和校正。

(1) 检验：转动脚螺旋使圆水准器气泡居中，将仪器绕竖轴旋转 180°后，若气泡仍居中，则说明圆水准器轴平行于仪器竖轴；否则需要校正。

(2) 校正：先稍松圆水准器底部中央的固紧螺丝，再拨动圆水准器的校正螺丝，使气泡返回偏离量的一半，然后转动脚螺旋使气泡居中。如此反复检校，直到圆水准器在任何位置时，气泡都在刻划圈内为止。最后旋紧固紧螺丝。

3. 十字丝横丝垂直于仪器竖轴的检验与校正。

(1) 检验：以十字丝横丝一端瞄准约 20m 处一细小目标点，转动水平微动螺旋，若横丝始终不离开目标点，则说明十字丝横丝垂直于仪器竖轴；否则需要校正。

(2) 校正：旋下十字丝分划板护罩，用小螺丝刀松开十字丝分划板的固定螺丝，微略转动十字丝分划板，使转动水平微动螺旋时横丝不离开目标点。如此反复检校，直至满足要求。最后将固定螺丝旋紧，并旋上护罩。

4. 水准管轴与视准轴平行关系的检验与校正。

(1) 检验：

①如图 3-1a)所示,选择相距 75~100m 稳定且通视良好的两点 A、B,在 A、B 两点上各打一个木桩固定其点位。

②将水准仪置于距 A、B 两点等距离的Ⅰ位置,用变换仪器高度法测定 A、B 两点间的高差(两次高差之差不超过 3mm 时可取平均值作为正确高差 h_{AB})。

$$h_{AB} = \frac{a'_1 - b'_1 + a''_1 - b''_1}{2}$$

③再把水准仪置于约离 A 点 3~5m 的Ⅱ位置,如图 3-1b)所示,精平仪器后读取近尺 A 上的读数 a_2。

④计算远尺 B 上的正确读数值 b_2。

$$b_2 = a_2 - h_{AB}$$

⑤照准远尺 B,旋转微倾螺旋。

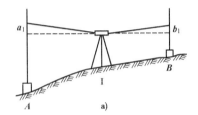 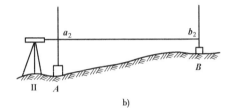

图 3-1

将水准仪视准轴对准 B 尺上的 b_2 读数,这时,如果水准管气泡居中,即符合气泡影像符合,则说明视准轴与水准管轴平行;否则应进行校正。

(2)校正:

①重新旋转水准仪微倾螺旋,使视准轴对准 B 尺读数 b_2,这时水准管符合气泡影像错开,即水准管气泡不居中。

②用校正针先松开水准管左右校正螺丝,再拨动上下两个校正螺丝[先松上(下)边的螺丝,再紧下(上)边的螺丝],直到使符合气泡影像符合为止。此项工作要重复进行几次,直到符合要求为止。

四、注意事项

1. 水准仪的检验和校正过程要认真细心,不能马虎。不得涂改原始数据。
2. 校正螺丝都比较精细,在拨动螺丝时要"慢、稳、均"。
3. 各项检验和校正的顺序不能颠倒,在检校过程中同时填写实训报告。
4. 各项检校都需要重复进行,直到符合要求为止。
5. 对 100m 长的视距,一般要求是检验远尺的读数与计算值之差不大于 3~5mm。
6. 每项检校完毕都要拧紧各个校正螺丝,上好护盖,以防脱落。
7. 校正后,应再作一次检验,看其是否符合要求。
8. 本次实训要求学生在实训过程中要及时填写实训报告,只进行检验。如若校正,应在指导教师的指导下进行。

五、上交资料

每人上交《微倾式水准仪的检验与校正实训报告》一份。

实训三　　微倾式水准仪的检验与校正实训报告

日期：　　　　班级：　　　　组别：　　　　姓名：　　　　学号：

实训题目	微倾式水准仪的检验与校正		成绩	
实训目的				
主要仪器及工具				

1. 描述在对十字丝横丝与仪器竖轴是否垂直的检校过程中,如何判定十字丝横丝与仪器竖轴是否垂直,并画图说明。

2. 描述在对圆水准器轴与仪器竖轴是否平行的检校过程中的检校过程,并画图说明。

3. 水准管轴与视准轴是否平行的检校记录：

仪器位置	项　目	第一次	第二次	第三次
在 A、B 两点中间安置仪器测高差	后视 A 点尺上读数 a_1			
	前视 B 点尺上读数 b_1			
	$h_{AB}=a_1-b_1$			
在 A 点附近安置仪器进行检校	A 点尺上读数 a_2			
	B 点尺上读数 b_2			
	计算 $b'_2=a_2-h_{AB}$			
	计算偏差值 $\Delta b=b_2-b'_2$			
	是否需校正			

4. 描述水准管轴与视准轴的校正方法：

5. 实训总结：

实训四　自动安平水准仪的认识与技术操作*

一、目的与要求

1. 认识自动安平水准仪的构造特点及自动安平原理。
2. 掌握自动安平水准仪的操作方法。

二、仪器与工具

1. 由仪器室借领:自动安平水准仪 1 台、水准尺 1 根、尺垫 1 个、测伞 1 把。
2. 自备:铅笔、小刀、记录用纸。

三、实训方法与步骤

1. 由指导老师讲解自动安平水准仪的构造、安置和技术操作方法。
2. 将水准仪安置在三脚架上,调节脚螺旋,使圆水准器气泡居中。
3. 用望远镜照准水准尺进行对光、调焦,消除视差。
4. 观察十字丝分划板影像,用手轻按"补偿器"检验按钮,检验"补偿器"工作性能。如果十字丝刻划有摆动且能很快恢复原读数,则说明"补偿器"工作性能正常。或者用手轻轻按动目镜下面的按钮机构,观测望远镜内目标影像是否移动,如果移动,则说明"补偿器"处于正常工作状态。
5. 进行读数练习。读数方法与 DS_3 型微倾式水准仪相同。

四、注意事项

1. 在读数前必须检查补偿器是否处于正常工作状态。
2. 其他注意事项与实训一中所讲的注意事项相同。

五、自动安平水准仪"补偿器"性能的检验

1. 检验原理。

自动安平水准仪"补偿器"的作用是,当视准轴倾斜时(即在"补偿器"的允许范围内,气泡中心不超过分划圈的范围),能在十字丝上读得水平视线的读数。检验"补偿器"性能的一

般原理是,有意使仪器的旋转轴安置得不竖直,并测定两点间的高差,将之与正确高差相比较。如果"补偿器"的补偿性能正常,无论视线下倾(后视)或上倾(前视),都可读得水平视线的读数,测得的高差亦是 A、B 两点间的正确高差;如果"补偿器"性能不正常,由于前、后视的倾斜方向不一致,视线倾斜产生的读数误差不能在高差计算中抵消,因此,测得的高差将与正确的高差有明显的差异。

2. 检验方法。

在较平坦的地方选择相距 100m 左右的 A、B 两点,在 A、B 点各钉入一木桩(或用尺垫代替),将水准仪置于 A、B 连线的中点,并使两个脚螺旋(为以下讲述方便称为①、②脚螺旋)与 AB 连线方向一致,测量俯视简图见图 4-1。

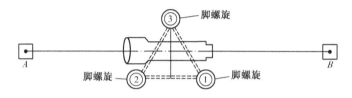

图 4-1

(1)首先用圆水准器将仪器置平,测出 A、B 两点间的高差 h_{AB},以此值作为正确高差。

(2)升高第③个脚螺旋,使仪器向左(或向右)倾斜,测出 A、B 两点间的高差 $h_{AB左}$。

(3)降低第③个脚螺旋,使仪器向右(或向左)倾斜,测出 A、B 两点间的高差 $h_{AB右}$。

(4)升高第③个脚螺旋,使圆水准器气泡居中。

(5)升高第①个脚螺旋,使后视时望远镜向上(或向下)倾斜,测出 A、B 两点间的高差 $h_{AB上}$。

(6)降低第①个脚螺旋,使后视时望远镜向下(或向上)倾斜,测出 A、B 两点间的高差 $h_{AB下}$。

无论左、右、上、下倾斜,仪器的倾斜角度均由水准器气泡位置确定,4 次倾斜的角度相同,一般取"补偿器"所能补偿的最大角度。

将 $h_{AB左}$、$h_{AB右}$、$h_{AB上}$、$h_{AB下}$ 相比较,视其差数确定"补偿器"的性能。对于普通水准测量,此差数一般应小于 5mm。"补偿器"的校正可按仪器使用说明书上指明的方法和步骤进行。

六、上交资料

每人上交《自动安平水准仪的认识与操作实训报告》一份。

实训四　　自动安平水准仪的认识与操作实训报告

日期：　　　　班级：　　　　组别：　　　　姓名：　　　　学号：

实训题目	自动安平水准仪的认识与操作	成绩	
实训目的			
主要仪器及工具			
实训场地布置草图			
实训主要步骤			
实训总结			

上交实训报告，请学生沿此线撕下

实训五　四等水准测量*

一、目的与要求

1. 学会用双面水准尺进行四等水准测量的观测、记录、计算方法。
2. 熟悉四等水准测量的主要技术指标,掌握测站及水准路线的检核方法。

二、仪器与工具

1. 由仪器室借领:DS_3 水准仪 1 台、双面水准尺 2 根,记录板 1 块,尺垫 2 个,测伞 1 把。
2. 自备:计算器、铅笔、小刀、计算用纸。

三、实训方法与步骤

1. 选定一条闭合水准路线或附合水准路线,其长度以安置 4~6 个测站为宜。沿线标定待定点的地面标志。
2. 在起点与第一个立尺点之间设站,安置好水准仪后,按以下顺序观测:

①后视黑面尺,读取下、上丝读数;精平,读取中丝读数;分别记入记录表(1)、(2)、(3)顺序栏中;

②前视黑面尺,读取下、上丝读数;精平,读取中丝读数;分别记入记录表(4)、(5)、(6)顺序栏中;

③前视红面尺,精平,读取中丝读数;记入记录表(7)顺序栏中;

④后视红面尺,精平,读取中丝读数;记入记录表(8)顺序栏中。

这种观测顺序简称"后—前—前—后",也可采用"后—后—前—前"的观测顺序。

3. 各种观测记录完毕应随即计算:

①黑、红面分划读数差(即同一水准尺的黑面读数 + 常数 K – 红面读数)填入记录表(9)、(10)顺序栏中,(9) = K + (6) – (7),(10) = K + (3) – (8);

②将黑、红面分划所测高差之差填入记录表(11)、(12)、(13)顺序栏中,(11) = (3) – (6),(12) = (8) – (7),(13) = (10) – (9);

③将高差中数填入记录表(14)顺序栏中,(14) = $\frac{1}{2}$[(11) + (12) ± 0.100];

④将前、后视距(即上、下丝读数差乘以 100,单位为 m)填入记录表(15)、(16)顺序栏中,(15) = (1) – (2),(16) = (4) – (5);

⑤将前、后视距差填入记录表(17)顺序栏中,(17) = (15) – (16);

⑥将前、后视距累积差填入记录表(18)顺序栏中,(18)=上站(18)+本站(17);
⑦检查各项计算值是否满足限差要求。

4. 依次设站,同法施测其他各站。
5. 全路线施测完毕后计算:
①路线总长(即各站前、后视距之和);
②各站前、后视距差之和(应与最后一站累积视距差相等);
③各站后视读数和、各站前视读数和、各站高差中数之和(应为上两项之差的1/2);
④路线闭合差(应符合限差要求);
⑤各站高差改正数及各待定点的高程。

四、注 意 事 项

1. 每站观测结束后应立即计算检核,若有超限则重测该测站。全路线施测计算完毕,各项检核均已符合,路线闭合差也在限差之内,即可收测。
2. 有关技术指标的限差规定见下表。

等级	视线高度 (m)	视距长度 (m)	前后视距差 (m)	前后累积视距差 (m)	黑、红面分划读数差 (mm)	黑、红面分划所测高差之差 (mm)	路线闭合差 (mm)
四	>0.2	≤80	≤3.0	≤10.0	3.0	5.0	$\pm 20\sqrt{L}$

注:表中 L 为路线总长,以 km 为单位。

3. 四等水准测量作业要求全组人员具有很强的集体观念,全组人员一定要互相合作,密切配合,相互体谅。
4. 记录者要认真负责,当听到观测者所报读数后,要回报给观测者,经默许后,方可记入记录表中。如果发现有超限现象,立即告诉观测者进行重测。
5. 严禁为了快出成果,转抄、照抄、涂改原始数据。记录字迹要工整、记录表要清洁。
6. 四等水准测量记录表内( )中的数,表示观测读数与计算的顺序。(1)~(8)为记录顺序,(9)~(18)为计算顺序。
7. 仪器前后尺视距一般不超过80m。
8. 双面水准尺每两根为一组,其中一根尺常数 $K_1=4.687$m,另一根尺常数 $K_2=4.787$m,两尺的红面读数相差0.100m(即4.687与4.787之差)。当第一测站前尺位置确定以后,两根水准尺要交替前进,即后变前,前变后,不能混乱。在记录表中的方向及尺号栏内要写明尺号,在备注栏内写明相应尺号的 K 值。起点高程可采用假定高程,即设 $H_0=100.00$m。
9. 四等水准测量记录计算比较复杂,要多想多练,步步校核,熟能生巧。
10. 四等水准测量在一个测站的观测顺序应为:后视黑面三丝读数,前视黑面三丝读数,前视红面中丝读数,后视红面中丝读数,称为"后—前—前—后"顺序。当沿土质坚实的路线进行测量时,也可以用"后—后—前—前"的观测顺序。

五、上 交 资 料

1. 每人上交合格的《四等水准测量记录表》一份。
2. 每人上交《四等水准测量实训报告》一份。

实训五　　　　　　　四等水准测量记录表

测自　　　至　　　止					天气：　　　观测者：				
时间：　　年　月　日					成像：　　　记录者：				

测站编号	点号	后尺 下丝 上丝 后视距(m) 视距差 d(m)	前尺 下丝 上丝 前视距(m) Σd(m)	方向及尺号	标尺读数(m) 黑面	标尺读数(m) 红面	K+黑-红 (mm)	高差中数 (m)	备注
填表示范		(1) (2) (15) (17)	(4) (5) (16) (18)	后 前 后—前	(3) (6) (11)	(8) (7) (12)	(10) (9) (13)	(14)	
				后 前 后—前					
				后 前 后—前					
				后 前 后—前					
				后 前 后—前					
校核		Σ(15) = -)Σ(16) = = 末站(18)		Σ(3) + Σ(8) = -)Σ(6) + Σ(7) = = 总视距 = Σ(15) + Σ(16) =			Σ(11) + Σ(12) = Σ(14) = 2Σ(14) =		

实训五 四等水准测量实训报告

日期：　　　　班级：　　　　组别：　　　　姓名：　　　　学号：

实训题目	四等水准测量		成绩	
实训目的				
主要仪器及工具				
实训场地布置草图				
实训主要步骤				
实训总结				

实训六　经纬仪的认识与技术操作

（Ⅰ）DJ$_6$级光学经纬仪的认识与技术操作

一、目的与要求

1. 认识经纬仪的一般构造。
2. 熟悉经纬仪的操作方法。

二、仪器与工具

1. 由仪器室借领：DJ$_6$级经纬仪1台、记录板1块、测伞1把。
2. 自备：铅笔、草稿纸。

三、实训方法与步骤

1. 由指导教师讲解经纬仪的构造及操作方法。
2. 学生自己熟悉经纬仪各螺旋的功能。
3. 练习安置经纬仪。经纬仪的安置包括对中和整平两项内容。

（1）对中：对中是把经纬仪水平度盘的中心安置在所测角的顶点铅垂线上。方法是先将三脚架安置在测站点上，架头大致水平，用垂球概略对中后，踏牢三脚架，然后用连接螺旋将仪器固定在三脚架上。此时，若偏离测站点较大，则须将三脚架作平行移动，若偏离较小，可将连接螺旋放松，在三脚架头上移动仪器基座使垂球尖准确地对准测站点，然后再旋紧连接螺旋。

如果使用带有光学对点器的仪器，对中时可通过光学对点器进行对中。采用光学对点器对中的做法是：将仪器置于测站点上，使架头大致水平，三个脚螺旋的高度适中，光学对点器大致在测站点铅垂线上。转动对点器目镜看清分划板中心圈（十字丝）后，再拉动或旋转目镜，使测站点影像清晰。若中心圈（十字丝）与测站点相距较远，则应平移脚架，而后旋转脚螺旋，使测站点与中心圈（十字丝）重合。伸缩架腿，粗略整平圆水准器，再用脚螺旋使圆水准气泡居中。这时可移动基座精确对中，最后拧紧连接螺旋。

（2）整平：整平是使水平度盘处于水平位置，仪器竖轴铅直。整平的方法是：

①使照准部水准管与任意两个脚螺旋连线平行，如图6-1a）所示，两手以相反方向同时

旋转①、②两脚螺旋,使水准管气泡居中。

②将照准部平转90°(有些仪器上装有两个水准管,则可以不转),如图6-1b)所示,再用另一个脚螺旋③使水准管气泡居中。

③以上操作反复进行,直到仪器在任何位置气泡都居中为止。

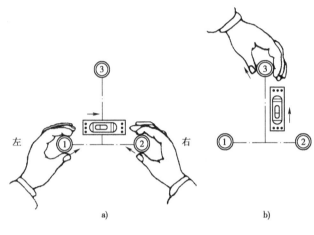

图 6-1

4. 用望远镜瞄准远处目标。

(1)安置好仪器后,松开照准部和望远镜的制动螺旋,用粗瞄器初步瞄准目标,然后拧紧两个制动螺旋。

(2)调节目镜对光螺旋,看清十字丝,再转动物镜对光螺旋,使望远镜内目标清晰,旋转水平微动螺旋和垂直微动螺旋,用十字丝精确照准目标,并消除视差。

5. 练习水平度盘读数。

6. 练习用水平度盘变换手轮设置水平度盘读数。

(1)用望远镜照准选定目标。

(2)拧紧水平制动螺旋,用微动螺旋准确瞄准目标。

(3)转动水平度盘变换手轮,使水平度盘读数设置到预定数值。

(4)松开制动螺旋,稍微旋转后,再重新照准原目标,看水平度盘读数是否仍为原读数;否则需重新设置。

(5)掌握离合器扳手的锁紧、松开规律,即扳手向下时锁紧度盘,扳手向上时松开度盘。

四、注意事项

1. 经纬仪是精密仪器,使用时要十分谨慎小心,各个螺旋要慢慢转动。不准大幅度地、快速地转动照准部及望远镜。

2. 当一个人操作时,其他人员只能进行语言帮助,不能多人同时操作一台仪器。

3. 每组中每人的练习时间要因时、因人而异,要互相帮助。在实训过程中要及时填写实训报告。

4. 练习水平度盘读数时要注意估读的准确性。

5.用度盘变换钮设置水平度盘读数时,不能用微动螺旋设置分、秒数值。否则,将使目标偏离十字丝交点。

五、上交资料

每人上交《DJ_6级光学经纬仪的认识与操作实训报告》一份。

实训六（I） DJ₆级光学经纬仪的认识与操作实训报告

日期：　　　　班级：　　　　组别：　　　　姓名：　　　　学号：

实训题目	DJ₆级光学经纬仪的认识与操作	成绩	
实训目的			
主要仪器及工具			

1. 在下图引出的标线上标明仪器该部件的名称。

2. 用箭头标明如何转动三只脚螺旋，使下图所示的圆水准气泡居中？

3. 将水平度盘读数设置为 00°00′00″、90°00′00″、120°35′00″。

4. 观测记录练习：

测站	目标	盘左读数	盘右读数	备注

5. 实训总结：

（Ⅱ）DJ$_2$级光学经纬仪的认识与技术操作

一、目的与要求

1. 认识 DJ$_2$ 级经纬仪的构造及各部件的功能。
2. 区分 DJ$_2$ 级和 DJ$_6$ 级经纬仪的异同点。
3. 熟悉 DJ$_2$ 级经纬仪的安置方法及读数方法。

二、仪器与工具

1. 由仪器室借领：DJ$_2$ 级经纬仪 1 台、记录板 1 块、测伞 1 把、花杆 2 根。
2. 自备：铅笔、小刀、草稿纸。

三、实训方法与步骤

1. DJ$_2$ 级经纬仪的认识。
(1) 熟悉 DJ$_2$ 级经纬仪各部件的名称及作用。
(2) 了解下列各个装置的功能和用途：
①制动螺旋：水平制动和竖直制动——分别固定照准部和望远镜。
②微动螺旋：水平微动和竖直微动——用于精确瞄准目标。
③水准管：照准部水准管——用于显示水平度盘是否水平；竖盘指标水准管——用于显示竖盘指标线是否指向正确的位置。
④水平度盘变换装置：DJ$_2$ 级经纬仪通过该装置，可设置起始方向的水平度盘读数。
⑤换像手轮：DJ$_2$ 级经纬仪通过该装置，可设置读数窗处于水平或竖直度盘的影像。
2. DJ$_2$ 级经纬仪的安置。DJ$_2$ 级经纬仪的安置方法与 DJ$_6$ 级光学经纬仪相同。
3. 照准目标。DJ$_2$ 级经纬仪的照准方法与 DJ$_6$ 级光学经纬仪相同。
4. 读数练习。
(1) 当读数设备是对径分划读数视窗时，如图 6-2a)所示。
①将换像手轮置于水平位置，打开反光镜，使读数窗明亮。
②转动测微轮使读数窗内上、下分划线对齐。
③读出位于左侧或靠中的正像度刻线的度读数(163°)。
④读出与正像度刻线相差 180°位于右侧或靠中的倒像度刻线之间的格数 n，即 $n \times 10'$ 的分读数($2 \times 10' = 20'$)。
⑤读出测微尺指标线截取小于 10′的分、秒读数(7′34″)。
⑥将上述度、分、秒相加，即得整个度盘读数(163°27′34″)。
(2) 当读数设备是数字化读数视窗时，如图 6-2b)所示。
①同样先将读数窗内分划线上、下对齐。
②读取窗口最上边的度数(74°)和中部窗口 10′的注记(40′)。

③再读取测微器上小于10′的数值(7′16″)。
④将上述的度、分、秒相加,即水平度盘读数为(74°47′16″)。

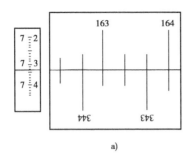
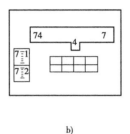

图 6-2

5.归零

(1)首先用测微轮将小于10′的测微器上的读数对着0′00″。

(2)打开水平度盘变换手轮的保护盖,用手拨动该手轮,将度和整分调至(0°00′),并保证分划线上、下对齐。

四、注意事项

1. DJ_2 级经纬仪属精密仪器,应避免日晒和雨淋,操作要做到轻、慢、稳。在实训过程中要及时填写实训报告。

2. 在对中过程中调节圆水准气泡居中时,切勿用脚螺旋调节,而应用脚架调节,以免破坏对中。

3. 整平好仪器后,应检查对中点是否偏移超限。

五、上交资料

每人上交《DJ_2级光学经纬仪的认识与操作实训报告》一份。

实训六（Ⅱ） DJ₂级光学经纬仪的认识与操作实训报告

日期：   班级：   组别：   姓名：   学号：

实训题目	DJ₂级光学经纬仪的认识与操作	成绩	
实训目的			
主要仪器及工具			

1. 在下图引出的标线上标明仪器该部件的名称。

2. 绘出所用仪器的读数窗示意图。

3. 水平度盘读数设置为 $00°00'00''$、$90°00'00''$、$120°08'35''$。

4. 观测记录练习：

测站	目标	盘左读数	盘右读数	备注

5. 实训总结：

实训七　用测回法观测水平角

一、目的与要求

1. 进一步熟悉经纬仪的构造和操作方法。
2. 学会用测回法观测水平角。

二、仪器与工具

1. 由仪器室借领：经纬仪 1 台、记录板 1 块、测伞 1 把。
2. 自备：计算器、铅笔、草稿纸。

三、实训方法与步骤

1. 在一个指定的点上安置经纬仪。
2. 选择两个明显的固定点作为观测目标或用花杆标定两个目标。
3. 用测回法测定其水平角值。其观测程序如下：

(1) 安置好仪器以后，以盘左位置照准左方目标，并读取水平度盘读数。记录人听到读数后，立即回报观测者，经观测者默许后，立即记入测角记录表中。

(2) 顺时针旋转照准部照准右方目标，读取其水平度盘读数，并记入测角记录表中。

(3) 由(1)、(2)两步完成了上半测回的观测，记录者在记录表中要计算出上半测回角值。

(4) 将经纬仪置盘右位置，先照准右方目标，读取水平度盘读数，并记入测角记录表中。其读数与盘左时的同一目标读数大约相差 180°。

(5) 逆时针转动照准部，再照准左方目标，读取水平度盘读数，并记入测角记录表中。

(6) 由(4)、(5)两步完成了下半测回的观测，记录者再算出其下半测回角值。

(7) 至此便完成了一个测回的观测。如上半测回角值和下半测回角值之差没有超限（不超过 ±40″），则取其平均值作为一测回的角度观测值，也就是这两个方向之间的水平角。

4. 如果观测不止一个测回，而是要观测 n 个测回，那么在每测回要重新设置水平度盘起始读数。即对左方目标每测回在盘左观测时，水平度盘应设置 $180°/n$ 的整倍数来观测。

四、注意事项

1. 在记录前，首先要弄清记录表格的填写次序和填写方法。

2.每一测回的观测中间,如发现水准管气泡偏离,也不能重新整平。本测回观测完毕,下一测回开始前再重新整平仪器。

3.在照准目标时,要用十字丝竖丝照准目标的明显处,最好看目标下部,上半测回照准什么部位,下半测回仍照准这个部位。

4.长条形较大目标需要用十字丝双丝来照准,点目标用单丝平分。

5.在选择目标时,最好选取不同高度的目标进行观测。

五、上交资料

1.每人上交合格的《用测回法观测水平角记录表》一份。

2.每人上交《用测回法观测水平角实训报告》一份。

实训七　　用测回法观测水平角记录表

日期：　　　　班级：　　　　组别：　　　　姓名：　　　　学号：

测站	盘位	目标	水平度盘读数 (° ′ ″)	半测回角值 (° ′ ″)	一测回水平角 (° ′ ″)	备　注
	左					
	右					
	左					
	右					
	左					
	右					
	左					
	右					

实训七　用测回法观测水平角实训报告

日期：　　　　班级：　　　　组别：　　　　姓名：　　　　学号：

实训题目	用测回法观测水平角	成绩	
实训目的			
主要仪器及工具			
实训场地布置草图			
实训主要步骤			
实训总结			

实训八　竖直角观测

一、目的与要求

1. 学会竖直角的测量方法。
2. 学会竖直角及竖盘指标差的记录、计算方法。

二、仪器与工具

1. 由仪器室借领:DJ_6 经纬仪 1 台、记录板 1 块、测伞 1 把。
2. 自备:计算器、铅笔、小刀、草稿纸。

三、实训方法与步骤

1. 在某指定点上安置经纬仪。
2. 以盘左位置使望远镜视线大致水平。竖盘指标所指读数约为 90°。
3. 将望远镜物镜端抬高,即当视准轴逐渐向上倾斜时,观察竖盘读数 L 比 90°是增加还是减少,借以确定竖直角和指标差的计算公式。

(1)当望远镜物镜抬高时,如竖盘读数 L 对比 90°逐渐减少,则竖直角计算公式为:

$$\alpha_{左} = 90° - L$$

盘右时,竖盘读数为 R,其竖直角公式为:

$$\alpha_{右} = R - 270°$$

$$竖直角\ \alpha = \frac{1}{2}(\alpha_{左} + \alpha_{右}) = \frac{1}{2}(R - L - 180°)$$

(2)当望远镜物镜抬高时,如竖盘读数 L 对比 90°逐渐增大,则竖直角计算公式为:

$$\alpha_{左} = L - 90°$$

$$\alpha_{右} = 270° - R$$

$$竖直角\ \alpha = \frac{1}{2}(\alpha_{左} + \alpha_{右}) = \frac{1}{2}(L - R - 180°)$$

在上述两种情况下,竖盘指标差均为:$X = \frac{1}{2}(\alpha_{左} - \alpha_{右}) = \frac{1}{2}(L + R - 360°)$

4. 用测回法测定竖直角,其观测程序如下:

(1)安置好经纬仪后,盘左位置照准目标,转动竖盘指标水准管微动螺旋,使水准管气泡居中或打开竖盘指标自动归零装置使之处于"ON"位置,读取竖直度盘的读数 L。记录者将读数值 L 记入竖直角测量记录表中。

（2）根据竖直角计算公式,在记录表中计算出盘左时的竖直角 $\alpha_{左}$。

（3）再用盘右位置照准目标,按照(1)的操作步骤,读取其竖直度盘读数 R。记录者将读数值 R 记入竖直角测量记录表中。

（4）根据竖直角计算公式,在记录表中计算出盘右时的竖直角 $\alpha_{右}$。

（5）计算一测回竖直角值和指标差。

四、注意事项

1. 直接读取的竖盘读数并非竖直角,竖直角需通过计算才能获得。

2. 竖盘因其刻划注记和始读数的不同,计算竖直角的方法也就不同,要通过检测来确定正确的竖直角和指标差计算公式。

3. 盘左盘右照准目标时,要用十字丝横丝照准目标的同一位置。

4. 在竖盘读数前,务必要使竖盘指标水准管气泡居中。

五、上交资料

1. 每人上交合格的《竖直角测量记录表》一份。

2. 每人上交《竖直角测量实训报告》一份。

实训八　　　　竖直角测量记录表

日期：　　　　班级：　　　　组别：　　　　姓名：　　　　学号：

测站	目标	竖盘位置	竖盘读数 (° ′ ″)	半测回竖直角 (° ′ ″)	指标差 (′ ″)	一测回竖直角 (° ′ ″)	备　注
		左					竖盘注记形式
		右					
		左					
		右					
		左					
		右					
		左					
		右					
		左					
		右					
		左					
		右					
		左					
		右					
		左					
		右					
		左					
		右					

实训八　　　　　竖直角测量实训报告

日期：　　　　班级：　　　　组别：　　　　姓名：　　　　学号：

实训题目	竖直角测量		成绩	
实训目的				
主要仪器及工具				
实训场地布置草图				
实训主要步骤				
实训总结				

实训九　DJ_6 级光学经纬仪的检验与校正

一、目的与要求

1. 认识 DJ_6 级光学经纬仪的主要轴线及它们之间所具备的几何关系。
2. 熟悉 DJ_6 级光学经纬仪的检验。
3. 了解 DJ_6 级光学经纬仪的校正方法。

二、仪器与工具

1. 由仪器室借领：DJ_6 经纬仪 1 台、记录板 1 块、测伞 1 把、校正针 1 根。
2. 自备：计算器、铅笔、小刀、草稿纸。

三、实训方法与步骤

1. 指导教师讲解各项检校的过程及操作要领。
2. 照准部水准管轴垂直于仪器竖轴的检验与校正。
（1）检验方法：
①先将经纬仪严格整平。
②转动照准部，使水准管与三个脚螺旋中的任意一对平行，转动脚螺旋使气泡严格居中。
③再将照准部旋转180°，此时，如果气泡仍居中，说明该条件能够满足。若气泡偏离中央零点位置，则需进行校正。
（2）校正方法：
①先旋转与水准管平行的这一对脚螺旋，使气泡向中央零点位置移动偏离格数的一半。
②用校正针拨动水准管一端的校正螺丝，使气泡居中。
③再次将仪器严格整平后进行检验，如需校正，仍用①、②所述方法进行校正。
④反复进行数次，直到气泡居中后再转动照准部，气泡偏离在半格以内，可不再校正。
3. 十字丝竖丝的检验与校正。
（1）检验方法：
整平仪器后，用十字丝竖丝的最上端照准一明显固定点，固定照准部制动螺旋和望远镜制动螺旋，然后转动望远镜微动螺旋，使望远镜上下微动，如果该固定点目标不离开竖丝，说明此条件满足;否则需要校正。

(2)校正方法:

①旋下望远镜目镜端十字丝环护罩,用螺丝刀松开十字丝环的每个固定螺丝。

②轻轻转动十字丝环,使竖丝处于竖直位置。

③调整完毕后务必拧紧十字丝环的四个固定螺丝,上好十字丝环护罩。

4. 视准轴的检验与校正。

(1)检验方法:

①选与视准轴大致处于同一水平线上的一点作为照准目标,安置好仪器后,盘左位置照准此目标并读取水平度盘读数,记作 $\alpha_左$。

②再以盘右位置照准此目标,读取水平度盘读数,记作 $\alpha_右$。

③如 $\alpha_左 = \alpha_右 \pm 180°$,则此项条件满足。如果 $\alpha_左 \neq \alpha_右 \pm 180°$,则说明视准轴与仪器横轴不垂直,存在视准差 c,即 $2c$ 误差,应进行校正 $2c$ 误差的计算公式如下:

$$2c = \alpha_左 - (\alpha_右 - 180°)$$

(2)校正方法:

①仪器仍处于盘右位置不动,以盘右位置读数为准,计算两次读数的平均值 α。作为正确读数,即

$$\alpha = \frac{\alpha_左 + (\alpha_右 \pm 180°)}{2}$$

②转动照准部微动螺旋,使水平度盘指标在正确读数 α 上,这时,十字丝交点偏离了原目标。

③旋下望远镜目镜端的十字丝护罩,松开十字丝环上、下校正螺丝,拨动十字丝环左右两个校正螺丝[先松左(右)边的校正螺丝,再紧右(左)边的校正螺丝],使十字丝交点回到原目标,即使视准轴与仪器横轴相垂直。

④调整完后务必拧紧十字丝环上、下两校正螺丝,安装好望远镜目镜护罩。

5. 横轴的检验与校正。

(1)检验方法:

①将仪器安置在一个清晰的高处目标附近(望远镜仰角为30°左右),视准面与墙面大致垂直,如图9-1所示。盘左位置照准目标 M,拧紧水平制动螺旋后,将望远镜放到水平位置,在墙上(或横放的尺子上)标出 m_1 点。

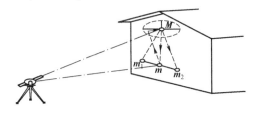

图 9-1

②盘右位置仍照准高处目标 M,放平望远镜,在墙上(或横放的尺子上)标出 m_2 点。若 m_1 与 m_2 两点重合,说明望远镜横轴垂直仪器竖轴;否则需校正。

(2)校正方法:

①由于盘左和盘右两个位置的投影各向不同方向倾斜,而且倾斜的角度是相等的,取 m_1 与 m_2 的中点 m,即是高目标点 M 的正确投影位置。得到 m 点后,用微动螺旋使望远镜照准 m 点,再仰起望远镜看高目标点 M,此时十字丝交点将偏离 M 点。

②此项校正一般应送仪器组专修后进行。

6. 竖盘指标水准管的检验与校正。

(1) 检验方法:

①安置好仪器后,盘左位置照准某一高处目标(望远镜仰角大于30°),用竖盘指标水准管微动螺旋使水准管气泡居中,读取竖直度盘读数,并根据"实训八 竖直角观测"所述的方法,求出其竖直角 $\alpha_{左}$。

②再以盘右位置照准此目标,用同样方法求出其竖直角 $\alpha_{右}$。

③若 $\alpha_{左} \neq \alpha_{右}$,说明有指标差,应进行校正。

(2) 校正方法:

①计算出正确的竖直角 α:

$$\alpha = \alpha_{左} + \alpha_{右}$$

②仪器仍处于盘右位置不动,不改变望远镜所照准的目标,根据正确的竖直角,以及竖直度盘刻划特点求出盘右时竖直度盘的正确读数值,并用竖直指标水准管微动螺旋使竖直度盘指标对准正确读数值,这时,竖盘指标水准管气泡不再居中。

③用拨针拨动竖盘指标水准管上、下校正螺丝,使气泡居中,即消除了指标差,达到了检校的目的。

7. 光学对点器的检验与校正。

目的:使光学对点器的视准轴经棱镜折射后与仪器的竖轴重合。

(1) 检验方法:

①对点器安装在基座上的仪器。将仪器水平放置在桌面上并固定仪器(仪器基座距墙约1.3m),通过对点器标注墙上目标 a,转动基座180°,再看十字丝是否与 a 重合,若重合条件满足;否则需要校正。

②对点器安装在照准部上的仪器。安置经纬仪于脚架上,移动放置在脚架中央地面上标有 a 点的白纸,使十字丝中心与 a 点重合,转动仪器180°,再看十字丝中心是否与地面上的 a 目标重合,若重合条件满足;否则需要校正。

(2) 校正方法:

仪器类型不同,校正的部位不同,但总的来说有两种校正方式:

①校正转向直角棱镜。该棱镜在左右支架间用护盖遮盖,校正时用校正螺丝调节偏离量的一半即可。

②校正光学对点器目镜十字丝分划板。调节分划板校正螺丝,使十字丝退回偏离值的一半,即可达到校正的目的。

四、注意事项

1. 经纬仪检校是很精细的工作,必须认真对待。
2. 在实训过程中及时填写实训报告,发现问题及时向指导教师汇报,不得自行处理。
3. 各项检校顺序不能颠倒,在检校过程中要同时填写实训报告。

4. 检校完毕,要将各个校正螺丝拧紧,以防脱落。
5. 每项检校都需重复进行,直到符合要求。
6. 校正后应再做一次检验,看其是否符合要求。
7. 本次实训只作检验,校正应在指导教师指导下进行。

五、上交资料

每人上交《DJ_6级光学经纬仪的检验与校正实训报告》一份。

实训九 DJ₆级光学经纬仪的检验与校正实训报告

日期：　　　　班级：　　　　组别：　　　　姓名：　　　　学号：

实训题目	DJ₆级光学经纬仪的检验与校正	成绩	
实训目的			
主要仪器及工具			

1. 一般性检验结果是：三脚架_____，水平制动与微动螺旋_____，望远镜制动螺旋与微动螺旋_____，照准部转动_____，望远镜转动_____，望远镜成像_____，脚螺旋_____。

2. 经纬仪的主要轴线有_____，_____，它们之间正确的几何关系是_____。

3. 水准管轴的检验	水准管平行任一对脚螺旋时气泡位置图	照准部旋转180°后气泡位置图	照准部旋转180°后气泡应有的正确位置图	是否需校正

4. 十字丝纵丝的检验	检验开始时望远镜视场图	检验终了时望远镜视场图	正确的望远镜视场图	是否需校正

5. 视准轴的检验	盘左盘右读数法	仪器安置点	目标	盘位	水平度盘读数	平均读数
		A	G	左		
				右		
		检验	计算 2c = 左 − (右 ± 180°)			
			是否需要校正			

上交实训报告，请学生沿此线撕下

57

		仪器安置点	目标	盘位	水平度盘读数	平均读数
6. 横轴的检验		A （竖直角大于30°）	M	左		
				右		
		检验	计算 $i = $ 左 $-$（右 $\pm 180°$）			
			是否需要校正			

		仪器安置点	目标	盘位	竖盘读数	竖直角
7. 竖盘指标差检验		A	G	左		
				右		
		检验	计算指标差			
			是否需校正			

8. 校正方法简述	水准管轴	
	十字丝纵丝	
	视准轴	
	横轴	
	指标差	

9. 实训总结	

实训十　全站仪的基本操作与使用

一、目的与要求

1. 学会全站仪的基本操作和常规设置。
2. 掌握一种型号全站仪的测距、测角。
3. 为完成导线测量任务打下基础。

二、仪器与工具

1. 由仪器室借领:全站仪1台、棱镜2块、对中杆1个、木桩4个、斧子1把、记录板1块。
2. 自备:计算器、铅笔、小刀、计算用纸。

三、实训方法与步骤

在指导教师的安排下,每组领取一台全站仪,按下列步骤进行实训:

1. 全站仪的显示窗及操作键。

(1)显示窗。全站仪的显示窗采用点阵式液晶显示(LCD),一般可显示4行,每行约20个字符,通常前三行显示测量数据,最后一行显示随测量模式变化的软键功能。

(2)操作键。不同厂商生产的全站仪,其操作键都有所不同。多数全站仪设有软键(其功能随测量模式而变化),在显示窗的下方,分别以 F1、F2、F3、F4 等表示,软键的功能显示在显示窗的最底行。

2. 测前的准备工作。

(1)安置仪器。将全站仪连接到三脚架上,对中并整平。多数全站仪有双轴补偿功能,所以仪器整平后,在观测过程中,即使气泡稍有偏离,对观测也无影响。

(2)开机。按 POWER 或 ON 键,开机后仪器进行自检,自检结束后进入测量状态。有的全站仪自检结束后须设置水平度盘指标与竖盘指标。设置水平度盘指标的方法是旋转照准部,听到鸣响即表示设置完成;设置竖盘指标的方法是纵转望远镜,听到鸣响即表示设置完成。设置完成后显示窗才能显示水平度盘与竖直度盘的读数。

3. 全站仪的基本操作与使用方法。

(1)水平角测量如下:

①按角度测量键,使全站仪处于角度测量模式,照准第一个目标 A。

②设置 A 方向的水平度盘读数为 0°00′00″。

③照准第二个目标 B，此时显示的水平度盘读数即为两方向间的水平夹角。

(2)距离测量如下：

①设置棱镜常数。测距前需将棱镜常数输入仪器中，仪器会自动对所测距离进行改正。

②设置大气改正值或气温、气压值。光在大气中的传播速度会随大气的温度和气压而变化，15℃和101kPa(760mmHg)是仪器设置的一个标准值，此时的大气改正为0ppm。实测时，可输入温度和气压值，全站仪会自动计算大气改正值(也可直接输入大气改正值)，并对测距结果进行改正。

③测量仪器高度、棱镜高度并输入全站仪。

④距离测量。照准目标棱镜中心，按测距键，距离测量开始，测距完成时显示斜距、平距、高差。全站仪的测距模式有精测模式、跟踪模式和粗测模式三种。精测模式是最常用的测距模式，测量时间约2.5s，最小显示单位1mm；跟踪模式，常用于跟踪移动目标或放样时连续测距，最小显示一般为1cm，每次测距时间约0.3s；粗测模式，测量时间约0.7s，最小显示单位1cm或1mm。在距离测量或坐标测量时，可按测距模式 MODE 键选择不同的测距模式。应注意，有些型号的全站仪在距离测量时不能设定仪器高度和棱镜高度，显示的高差值是全站仪横轴中心与棱镜中心的高差。

四、注意事项

1. 全站仪在使用的过程中，禁止将望远镜照准太阳强光，防止损坏仪器。
2. 全站仪在使用前应仔细检查仪器的各项参数的设置，防止测量结果出现错误。

五、上交资料

1. 每人上交《全站仪观测水平角及水平距离记录表》一份(每人测量水平角一测回和两个目标距离)。
2. 每人上交《全站仪观测水平角及水平距离实训报告》一份。

实训十　全站仪观测水平角及水平距离记录表

日期：　　　班级：　　　组别：　　　姓名：　　　学号：

测站	盘位	目标	水平度盘读数 (° ′ ″)	半测回水平角 (° ′ ″)	一测回水平角 (° ′ ″)	测站到两目标点间水平距离（m）
	左					
	右					
	左					
	右					
	左					
	右					
	左					
	右					

实训十　全站仪观测水平角及水平距离实训报告

日期：　　　　班级：　　　　组别：　　　　姓名：　　　　学号：

实训题目	全站仪观测水平角及水平距离		成绩	
实训目的				
主要仪器及工具				
实训场地布置草图				
实训主要步骤				
实训总结				

上交实训报告，请学生沿此线撕下

实训十一　全站仪导线测量

一、目的与要求

1. 掌握全站仪导线的外业布设、施测。
2. 掌握导线的内业计算方法。

二、仪器与工具

1. 由仪器室借领:全站仪 1 台、棱镜 2 块、带三脚架的对中杆 2 个、木桩 4 个、斧子 1 把、记录板 1 块。
2. 自备:计算器、铅笔、小刀、计算用纸。

三、实训方法与步骤

1. 在测区内选定由 3~4 个导线点组成的闭合导线。在各导线点打下木桩,钉上小钉或用油漆标定点位,绘出导线略图。
2. 用全站仪观测各边水平距离。
3. 采用测回法观测导线各转折角(内角),每站观测一测回,上、下半测回较差应小于 40″,取平均值使用。
4. 计算:角度闭合差 $f_\beta = \Sigma\beta - (n-2)\times 180°$,$n$ 为测角数;导线全长相对闭合差。按图根导线技术要求,外业成果合格后,内业计算各导线点坐标。

四、注意事项

1. 导线点间应互相通视,边长以 60~80m 为宜。若边长较短,测角时应特别注意提高对中和瞄准的精度。
2. 如无起始边方位角时,可按实地大致方位假定一个数值,起始点坐标也可假定。
3. 限差要求:同一边往、返测量相对误差应小于 1/2000。导线角度闭合差的限差为 $\pm 40″\sqrt{n}$,n 为测角数;导线全长相对闭合差的限差为 1/2000,超限应重测。

五、上交资料

1. 实训结束时每人上交《全站仪导线测量记录表》一张。
2. 实训结束时每人上交《全站仪导线测量实训报告》一份。

实训十一　　　　　　　全站仪导线测量记录表

日期：　　　　班级：　　　　组别：　　　观测者：　　　　记录者：

测站	目标	竖盘位置	水平角观测			水平距离观测（m）
			水平度盘读数（° ′ ″）	半测回角值（° ′ ″）	一测回角值（° ′ ″）	
		左				____至____
		右				
		左				____至____
		右				
		左				____至____
		右				
		左				____至____
		右				
		左				____至____
		右				
		左				____至____
		右				
		左				____至____
		右				

实训十一　　全站仪导线测量实训报告

日期：　　　　班级：　　　　组别：　　　　姓名：　　　　学号：

实训题目	全站仪导线测量		成绩	
实训目的				
主要仪器及工具				
实训场地布置草图				
实训主要步骤				
实训总结				

实训十二　全站仪三维坐标测量

一、实训目的与任务

1. 掌握全站仪坐标测量原理和方法。
2. 加强全站仪操作基本功的训练。

二、仪器与工具

1. 由仪器室借领:全站仪1台、单棱镜1块、带三脚架的对中杆1副、花杆1根、木桩2个、斧子1把、记录板1块。
2. 自备:计算器、铅笔、小刀、计算用纸。

三、实训方法与步骤

利用全站仪三维坐标测量功能测量一个任意点坐标。

1. 在实验区域内选取 A、B、C、D 四点,A、D 通视,其坐标为已知点,A、B、C 相互通视,B、C 为待测点,见图 12-1。

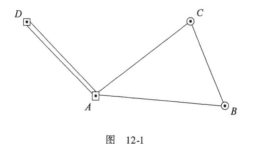

图 12-1

2. 在 A 点架设全站仪,对中、整平后,量取仪器高度,输入测站点名、坐标、高程、仪器高度,即完成全站仪的建站工作,后视瞄准 D 点花杆底部,输入 D 点坐标,设置后视已知方位角(如果已知该边坐标方位角,则可以直接设置方位角),即完成全站仪的定向工作。

3. 在 C 点架设棱镜杆,注意三脚架要整平,依次观测 C 点、B 点,输入各反光镜高度,得到 B、C 点坐标 (x,y,h)。

4. 每位同学独立架设仪器,控制点可以共用,然后测定不同的点位坐标。

四、注意事项

1. 边长较短时,应特别注意严格对中。
2. 瞄准目标一定要精确。
3. 注意棱镜常数的设置、棱镜高度和仪器高度的量取和输入,如果不需要高程,可不输入测站高程、棱镜高度和仪器高度的数据。

五、上交资料

1. 每人上交一份含有合格观测记录的《全站仪三维坐标测量记录表》。
2. 每人上交一份《全站仪三维坐标测量实训报告》。

实训十二　　全站仪三维坐标测量记录表

日期：　　　　班级：　　　　组别：　　　　姓名：　　　　学号：

全站仪型号：	仪器高度 $i=$	棱镜高度 $l=$	
测站点点名：	坐标：$x=$		$y=$
定向点点名：	坐标：$x=$		$y=$
已知坐标方位角 =			

测点	x	y	备注

实训十二　全站仪三维坐标测量实训报告

日期：　　　　班级：　　　　组别：　　　　姓名：　　　　学号：

实训题目	全站仪三维坐标测量		成绩	
实训目的				
主要仪器及工具				
实训场地布置草图				
实训主要步骤				
实训总结				

# 实训十三　经纬仪测绘法测图

一、目的与要求

1. 熟悉经纬仪测绘法测图的操作要领。
2. 了解经纬仪测绘法测图的全部组织工作。

二、仪器与工具

1. 由仪器室借领:经纬仪 1 台、小平板 1 套、三角板 1 副、量角器 1 个、记录板 1 块、花杆 1 根、视距尺 1 根、大头针 5 枚、比例尺 1 把、卷尺 1 盒、图纸 1 张、测伞 1 把、测旗 1 面、书包 1 个。
2. 自备:计算器、铅笔、小刀、橡皮、分规、草稿纸。

三、实训方法与步骤

1. 在选定的测站上安置经纬仪,量取仪器高度,并在经纬仪旁边架设小平板(图纸已粘在小平板上)。
2. 用大头针将量角器中心与平板图纸上已展绘出的该测站点固连。
3. 选择好起始方向(另一控制点)并标注在小平板的格网图纸上。
4. 经纬仪盘左位置照准起始方向后,水平度盘设置成00°00′00″。
5. 用经纬仪望远镜的十字丝中丝照准所测地形点视距尺上的"便利高"分划处的标志,读取水平角、竖盘读数(计算出竖直角)及视距间隔,算出视距,并用视距和竖直角计算高差和平距,同时根据测站点的假定高程计算出此地形点的高程。
6. 绘图人员用量角器从起始方向量取水平角,定出方向线,在此方向线上按测图比例尺量取平距,所得点位就是把该地形点按比例尺测绘到图纸上的点,然后在点的右旁标注其高程。
7. 用同样的方法,可将其他地形特征点测绘到图纸上,并描绘出地物轮廓线或等高线。
8. 人员分工是一人观测、一人绘图、一人记录和计算、一人跑尺,每人测绘数点后,再交换工作。

四、注意事项

1. 此测图方法,经纬仪负责全部观测任务,小平板只起绘图作用。

2.起始方向选好后,经纬仪在此方向上要严格设置成 00°00′00″。观测期间要经常进行检查,发现问题及时纠正或重测。

3.在读竖盘读数时,要使竖盘指标水准管气泡居中并应注意修正,因为竖盘指标差对竖直角有影响。

4.记录、计算要迅速准确,保证无误。

5.测图中要保持图纸清洁,尽量少画无用线条。

6.仪器和工具比较多,各组员要各负其责,既不出现仪器损坏事故,又不丢失测图工具。

7.测点高程采用假定高程,碎部点均采用"便利高"法观测。

8.跑尺者与观测者要按预先约定好的旗语手势进行作业。

五、上 交 资 料

1.每组上交《经纬仪测绘法测图记录表》和所测原图各一份。

2.每人上交《经纬仪测绘法测图实训报告》一份。

实训十三　　经纬仪测绘法测图记录表

测站：　　　　　后视点：　　　　　仪器高度 $i=$　　　　　测站高程 $H_0=$

碎部点	视距间隔 n (m)	中丝读数 τ (m)	竖盘读数 (° ′)	竖直角值 (° ′)	高差 h (m)	$i-\tau$ (m)	水平角值 β (° ′)	水平距离 C (m)	高程 H (m)	备注

实训十三　　经纬仪测绘法测图实训报告

日期：　　　　班级：　　　　组别：　　　　姓名：　　　　学号：

实训题目	经纬仪测绘法测图		成绩	
实训目的				
主要仪器及工具				
实训场地布置草图				
实训主要步骤				
实训总结				

上交实训报告，请学生沿此线撕下

实训十四　圆曲线主点测设

一、目的与要求

1. 学会路线交点转角的测定方法。
2. 掌握圆曲线主点里程的计算方法。
3. 熟悉圆曲线主点的测设过程。

二、仪器与工具

1. 由仪器室借领:经纬仪1台、花杆3根、木桩3个、斧子1把、测钎1束、皮尺1卷、记录板1块、测伞1把、书包1个。
2. 自备:计算器、铅笔、小刀、计算用纸。

三、实训方法与步骤

1. 在平坦地区定出路线导线的三个交点（JD_1、JD_2、JD_3），如图14-1所示,并在所选点上用木桩标定其位置。导线边长要大于80m,目估$\beta_右 < 145°$。

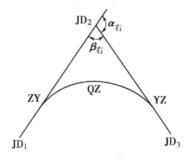

图　14-1

2. 在交点JD_2上安置经纬仪,用测回法观测出$\beta_右$,并计算出转角$\alpha_右$;同时用经纬仪设置$\beta_右/2$的方向线,即$\beta_右$的角平分线。

$$\alpha_右 = 180° - \beta_右$$

3. 假定圆曲线半径$R = 100$m,然后根据R和$\alpha_右$,计算曲线测设元素L(曲线长)、T(切线长)、E(外距)、D。

4. 计算圆曲线主点的里程(假定 JD_2 的里程为 K4+296.67)。计算列表如下：

	JD_2	K4+296.67
-)		T
		ZY
+)		L
		YZ
-)		$L/2$
		QZ
+)		$D/2$
校核计算	JD_2	K4+296.67

5. 设置圆曲线主点方法如下：

(1) 在 JD_2-JD_1 方向线上，自 JD_2 量取切线长 T，得圆曲线起点 ZY，插一测钎，作为起点桩。

(2) 在 JD_2-JD_3 方向线上，自 JD_2 量取切线长 T，得圆曲线终点 YZ，插一测钎，作为终点桩。

(3) 在角平分线上自 JD_2 量取外距 E，得圆曲线中点 QZ，插一测钎，作为中点桩。

6. 站在曲线内侧观察 ZY、QZ、YZ 桩是否有圆曲线的线形，以作为概略检核。

7. 交换工种后再重复(1)、(2)、(3)的步骤，看两次设置的主点位置是否重合。如果不重合，而且差异太大，就要查找原因，重新测设。如在容许范围内，则点位即可确定。

四、注意事项

1. 为使实训直观便利，克服场地的限制，本次实训规定 $30° < \alpha_右 < 40°$，$R = 100\text{m}$。在实训过程中及时填写实训报告。

2. 计算主点里程时要两人独立计算，加强校核，以防算错。

3. 本次实训事项较多，小组人员要紧密配合，保证实训顺利完成。

五、上交资料

1. 每人上交《圆曲线主点里程计算表》一份，每组上交主点测设草图一张。

2. 每人上交《圆曲线主点测设实训报告》一份。

实训十四 圆曲线主点测设实训报告

日期：　　　　班级：　　　　组别：　　　　姓名：　　　　学号：

实训题目	圆曲线主点测设			成绩	
实训目的					
主要仪器及工具					
交点号				交点桩号	

<table>
<tr><td rowspan="3">转角观测结果</td><td>盘位</td><td>目标</td><td>水平度盘读数</td><td>半测回右角值</td><td>右角</td><td>转角</td></tr>
<tr><td>盘左</td><td></td><td></td><td></td><td rowspan="2"></td><td rowspan="2"></td></tr>
<tr><td>盘右</td><td></td><td></td><td></td></tr>
</table>

曲线元素	R(半径) =　　　　T(切线长) =　　　　E(外距) = α(转角) =　　　　L(曲线长) =　　　　C(超距) =
主点桩号	ZY 桩号：　　　　QZ 桩号：　　　　YZ 桩号：

主点测设方法	测设草图	测设方法

实训总结	

实训十五 圆曲线详细测设

（Ⅰ）切线支距法详细测设圆曲线

一、目的与要求

1. 学会用切线支距法详细测设圆曲线。
2. 掌握切线支距法测设数据的计算及测设过程。

二、仪器与工具

1. 由仪器室借领：经纬仪 1 台、皮尺 1 卷、斧子 1 把、花杆 3 根、测钎 1 束、方向架 1 个、记录板 1 块、木桩 5 个、测伞 1 把、书包 1 个。
2. 自备：计算器、铅笔、小刀、记录计算用纸。

三、实训方法与步骤

1. 在实训前首先按照本次实训所给的实例计算出所需测设数据（实例见后），并把计算结果填入实训报告中。
2. 根据所算出的圆曲线主点里程设置圆曲线主点，其设置方法与"实训十四"相同。
3. 将经纬仪置于圆曲线起点（或终点），标定出切线方向，也可以用花杆标定切线方向。
4. 根据各里程桩点的横坐标，用皮尺从曲线起点（或终点）沿切线方向量取 x_1、x_2、x_3，得垂足 N_1、N_2、N_3，并用测钎标记之，如图 15-1 所示。

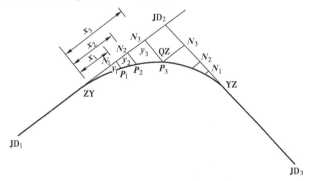

图 15-1

5. 在垂足 N_1、N_2、N_3…各点用方向架标定垂线,并沿此垂线方向分别量出 y_1、y_2、y_3…,即定出曲线上 P_1、P_2、P_3…各桩点,并用测钎标记其位置。

6. 从曲线的起(终)点分别向曲线中点测设,测设完毕后,用丈量所定各点间弦长来校核其位置是否正确。也可用弦线偏距法进行校核。

7. 绘制测设曲线草图。

四、注意事项

1. 本次实训是在"实训十四"的基础上进行的,所以对"实训十四"的方法及要领要了如指掌。

2. 应在实训前将实例的全部测设数据计算出来,不要在实训中边算边测,以防时间不够或出错(如时间允许,也可不用实例,直接在现场测定右角后进行圆曲线的详细测设)。

五、实　　例

已知:圆曲线的半径 $R=100$m. 转角 $\alpha_右=34°30'$,JD_2 的里程为 K4+296.67,桩距 $l_0=10$m 按整桩距法设桩,试计算各桩点的坐标 (x,y),并详细设置此圆曲线。

六、上交资料

1. 每组上交测设草图一张。
2. 每人上交《切线支距法详细测设圆曲线实训报告》一份。

实训十五（Ⅰ） 切线支距法详细测设圆曲线实训报告

日期：　　　　班级：　　　　组别：　　　　姓名：　　　　学号：

实训题目	切线支距法详细测设圆曲线			成绩		
实训目的						
主要仪器及工具						
交点号				交点桩号		

	盘位	目标	水平度盘读数	半测回右角值	右角	转角
转角观测结果	盘左					
	盘右					

曲线元素	R(半径) =　　　　　T(切线长) =　　　　　E(外距) = α(转角) =　　　　　L(曲线长) =　　　　　C(超距) =
主点桩号	ZY 桩号：　　　　QZ 桩号：　　　　YZ 桩号：

	桩号	曲线长	x	y	备注
各中桩的测设数据					

上交实训报告，请学生沿此线撕下

	桩号	曲线长	*x*	*y*	备注
各中桩的测设数据					

	测设草图	测设方法
测设方法及测设草图		

实训总结	

（Ⅱ）偏角法详细测设圆曲线*

一、目的与要求

1. 学会用偏角法详细测设圆曲线。
2. 掌握偏角法测设数据的计算及测设方法。

二、仪器与工具

1. 由仪器室借领：经纬仪1台、皮尺1卷、斧子1把、花杆3根、测钎1束、记录板1块、木桩5个、测伞1把、书包1个。
2. 自备：计算器、铅笔、小刀、计算用纸。

三、实训方法与步骤

1. 在实训前首先按照本次实训所给的实例计算出所需测设数据（实例见后），并把计算结果填入实训报告中。
2. 根据所算出的圆曲线主点里程设置圆曲线主点，其设置方法与"实训十四"相同。
3. 将经纬仪置于圆曲线起点 $ZY(A)$，后视交点 JD_2 得切线方向，水平度盘设置起始读数 $360°-\Delta$。如图15-2所示。

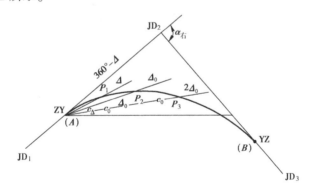

图 15-2

4. 转动照准部，使水平度盘读数为 $00°00'00''$（P_1 点的偏角读数），得 AP_1 方向，沿此方向从 A 点量出首段弦长得整桩 P_1，在 P_1 点上插一测钎。
5. 对照所计算的偏角表，转动照准部，使度盘对准整弧段 l_0 的偏角 Δ_0（P_2 点的偏角读数），得 AP_2 方向，从 P_1 点量出整弧段的弦长 c_0 与 AP_2 方向线相交得 P_2 点，在 P_2 点上插一插测钎。
6. 转动照准部，使度盘对准 $2l_0$ 的偏角 $2\Delta_0$（P_3 点的偏角读数），得 AP_3 方向，从 P_2 点量出 c_0 与 AP_3 方向线相交得 P_3，在 P_3 点上插一测钎。
7. 以此类推定出其他各整桩点。

8. 最后应闭合于曲线终点 YZ(B),当转动照准部使度盘对准偏角心 $n\Delta_0+\Delta_B$(终点 B 的偏角读数)得 AB 方向,从 P_n 点量出尾弧段弦长 C_B 与 AB 方向线相交,其交点应为原设的 YZ 点,如两者不重合,其闭合差一般不得超过如下规定;否则应检查原因,进行改正或重测。

半径方向(横向):±0.1m;

切线方向(纵向):±(L/1000)m,L 为曲线长。

如果将经纬仪置于曲线终点 YZ(B)上,反拨偏角测设圆曲线(即路线为左转角时正拨偏角测设圆曲线),其测设方法与正拨偏角测设方法基本相同。所不同之处就是反拨偏角值等于 360°减去正拨偏角。

9. 绘制测设曲线草图。

四、注意事项

1. 本次实训是在"实训十四"的基础上进行的,故对"实训十四"的方法及要领应了如指掌。

2. 应在实训前将算例的全部测设数据计算出来,不能在实训中边算边测,以防时间不够或出错(如时间允许,也可不用实例,直接测定右角后进行圆曲线的详细测设)。

五、实　　例

已知:圆曲线的半径为 100m,转角 $\alpha=34°30'$,JD 的里程为 K4+296.67,桩距 $L_0=10$m,按整桩号法设桩,试计算各桩点的偏角值,并详细设置此圆曲线。

六、上 交 资 料

1. 每组上交测设草图一张。
2. 每人上交《偏角法详细测设圆曲线实训报告》一份。

实训十五(Ⅱ)　偏角法详细测设圆曲线实训报告

日期：　　　　班级：　　　　组别：　　　　姓名：　　　　学号：

实训题目	偏角法详细测设圆曲线		成绩	
实训目的				
主要仪器及工具				

交点号			交点桩号	

	盘位	目标	水平度盘读数	半测回右角值	右角	转角
转角观测结果	盘左					
	盘右					

曲线元素	R(半径) = 　　　　　　T(切线长) = 　　　　　　E(外距) = α(转角) = 　　　　　　L(曲线长) = 　　　　　　C(超距) =

主点桩号	ZY 桩号：　　　　　　QZ 桩号：　　　　　　YZ 桩号：

	桩号	曲线长	偏角	水平度盘读数	弦长	备注
各中桩的测设数据						

	桩号	曲线长	偏角	水平度盘读数	弦长	备注
各中桩的测设数据						

	测设草图	测设方法
测设方法及测设草图		

实训总结	

实训十六　带有缓和曲线段的平曲线详细测设

（Ⅰ）用切线支距法测设带有缓和曲线段的平曲线

一、目的与要求

1. 学会用切线支距法测设带有缓和曲线段的平曲线。
2. 学会计算曲线测设所需数据。

二、仪器与工具

1. 由仪器室借领：经纬仪 1 台、钢尺或皮尺 1 卷、十字方向架 1 个、花杆 3 根、测钎 2 束、记录板 1 个、工具包 1 个、木桩若干、斧子 1 把、测伞 1 把。
2. 自备：计算器、铅笔、小刀、计算用纸。

三、实训方法与步骤

当时间较紧时，应在实训前按照本次实训所给的实例（实例见后）计算出测设曲线所需的数据，并将计算结果填入实训报告中。

1. 主点测设。
(1) 选定 JD_1、JD_2、JD_3，使路线转角为 35°30′，相邻交点间距不小于 80m。
(2) 在 JD_2 安置经纬仪，设置分角线方向。
(3) 测设曲线主点：
①自 JD_2 沿 $JD_2 \to JD_1$ 方向量切线长 T_h 得 ZH 点。
②自 JD_2 沿 $JD_2 \to JD_3$ 方向量切线长 T_h 得 HZ 点。
③自 JD_2 沿分角线方向量外距 E_h 得 QZ 点。
④自 ZH 沿切线向 JD_2 量 x_h 得 HY 点对应的垂足位置，在该垂足位置用十字方向架定出垂线方向并沿垂线方向量 y_h 即得 HY 点。
⑤由 HZ 沿切线向 JD_2 量 x_h 得 YH 点对应的垂足位置，在该垂足位置用十字方向架定出垂线方向，并沿垂线方向量 y_h 即得 YH 点。

2. 详细测设。
(1) 测设 ZH~HY 段：

①如图 16-1 所示,自 ZH 点沿切线向 JD$_2$ 量 P_1、P_2…的坐标 x_1、x_2…,得垂足 N_1、N_2…,并用测钎标记。

②依次在 N_1、N_2…用十字方向架定出垂线方向,分别沿各垂线方向量坐标 y_1、y_2…,即得 P_1、P_2…桩位,钉木桩或用测钎标记。

(2)测设 HY~QZ 段:

①如图 16-2 所示,自 ZH 点沿切线向 JD$_2$ 量 T_d,该点与 HY 点的连线即为 HY 点的切线方向。

②自 HY 点沿点的切线方向量 P_1、P_2…的坐标 x_1、x_2…,得垂足 N_1、N_2 用测钎标记。

③依次在 N_1、N_2…用十字方向架定出垂线方向,分别沿各垂线方向量坐标 y_1、y_2…,即得 P_1、P_2…桩位,钉木桩或用测钎标记。

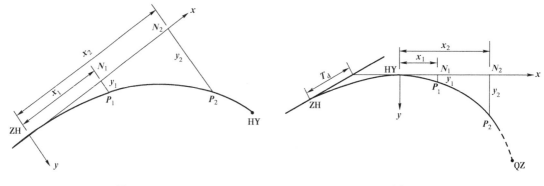

图 16-1　　　　　　　　　　　　图 16-2

(3)测设 HZ~YH 段:

①如图 16-3 所示,自 HZ 点沿切线向 JD$_2$ 量 P_1、P_2…,的坐标 x_1、x_2…,得垂足 N_1、N_2…,并用测钎标记。

②依次在 N_1、N_2…用十字方向架定出垂线方向,分别沿各垂线方向量坐标 y_1、y_2…,即得 P_1、P_2…桩位,钉木桩或用测钎标记。

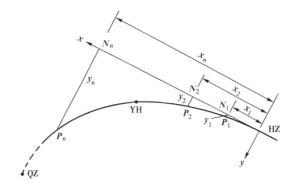

图 16-3

(4)测设 YH~QZ 段:

①如图 16-3 所示,自 HZ 点沿切线向 JD$_2$ 量 P_n、P_{n+1}…的坐标 x_n、x_{n+1}…,得垂足 N_n、N_{n+1}…并用测钎标记。

②依次在 N_n、N_{n+1}…用十字方向架定出垂线方向,分别沿各垂线方向量坐标 y_1、y_2…,即得 P_n、P_{n+1}…桩位,钉木桩或用测钎标记。

3. 校核。目测所测平曲线是否顺适,并丈量相邻桩间的弦长进行校核。
4. 绘制测设曲线草图。

四、实　　例

已知:JD_2 的里程桩号为 K0+986.38,转角 $\alpha_右=35°30'$,曲线半径 $R=100$m,缓和曲线长 $L_s=35$m(也可以根据实训场地的具体情况改用其他数据)。要求桩距为 10m,用切线支距法详细测设此曲线(将计算结果填入实训报告中)。

五、注意事项

1. 计算测设数据时要细心。曲线元素经复核无误后才可计算主点桩号,主点桩号经复核无误后才可计算各桩的测设数据。各桩的测设数据经复核无误后才可进行测设。
2. 在计算各桩的测设数据 x、y 时,注意不要用错计算公式。
3. 曲线加桩的测设是在主点桩测设的基础上进行的,因此测设主点桩时要十分细心。
4. 在丈量切线长 T、外距 E、x、y 时,尺身要水平。
5. 当 y 值较大时,用十字方向架定垂线方向一定要细心,把垂线方向定准确,否则会产生较大的误差。
6. 平曲线的闭合差一般不得超过以下规定:

半径方向:±0.1m;

切线方向:±($L/1000$),L 为曲线长。

7. 当时间较紧时,应在实训前计算好测设曲线所需的数据,不能在实训中边算边测,以防时间不够或出错(如时间允许,也可不用实例,而在现场直接选定交点,测定转角后进行曲线测设)。

六、上交资料

每人上交《用切线支距法测设带有缓和曲线段的平曲线实训报告》一份。

实训十六(Ⅰ) 用切线支距法测设带有缓和曲线段的平曲线实训报告

日期： 班级： 组别： 姓名： 学号：

实训题目	用切线支距法测设带有缓和曲线段的平曲线	成绩	
实训目的			
主要仪器及工具			

交点号				交点桩号			

转角观测结果	盘位	目标	水平度盘读数	半测回右角值	右角	转角
	盘左					
	盘右					

曲线元素	$R =$ $\quad$ $L_s =$ $\quad$ $X_h =$ $\quad$ $Y_h =$ $\quad$ $\beta_0 =$ $P =$ $\quad$ $q =$ $\quad$ $T_d =$ $\quad$ $T_h =$ $\quad$ $L_h =$ $E_h =$ $\quad$ $C_h =$

主点桩号	ZY 桩号： $\qquad\qquad\qquad\qquad$ HY 桩号： QZ 桩号： YH 桩号： $\qquad\qquad\qquad\qquad$ HZ 桩号：

	测段	桩号	曲线长	x	y	备注
各中桩的测设数据	ZH～HY					
	HY～QZ					

	测段	桩号	曲线长	x	y	备注
各中桩的测设数据	HZ~YH					
	YH~QZ					

实训场地布置草图	
实训总结	

（Ⅱ）用偏角法测设带有缓和曲线段的平曲线*

一、目的与要求

1. 学会用偏角法测设带有缓和曲线段的平曲线。
2. 学会计算曲线测设所需数据。

二、仪器与工具

1. 由仪器室借领：经纬仪1台、钢尺或皮尺1卷、花杆3根、测钎2束、记录板1块、工具包1个、木桩若干、斧子1把、测伞1把。
2. 自备：计算器、铅笔、小刀、计算用纸。

三、实训方法与步骤

1. 主点测设。
（1）选定 JD_1、JD_2、JD_3，使路线转角为35°左右，相邻交点间距不小于80m。
（2）在 JD_2 安置经纬仪，设置分角线方向。
（3）曲线主点测设。
①自 JD_2 沿 $JD_2 \rightarrow JD_1$ 方向量切线长 T_h 得 ZH 点。
②自 JD_2 沿分角线方向量外距 E_h 得 QZ 点。
③自 JD_2 沿 $JD_2 \rightarrow JD_3$ 方向量切线长 T_h 得 HZ 点。
④自 ZH 沿切线向 JD_2 量 x_h 得 HY 点对应的垂足位置，在该垂足位置用十字方向架定出垂线方向并沿垂线方向量 y_h 即得 HY 点。
⑤由 HZ 沿切线向 JD_2 量 x_h 得 YH 点对应的垂足位置，在该垂足位置用十字方向架定出垂线方向，并沿垂线方向量 y_h 即得 YH 点。

2. 详细测设。
（1）测设 ZH～HY 段：
①在 ZH 点安置经纬仪，以 ZH→JD_2 方向为起始方向，将该方向的水平度盘读数设置为 $00°00'00''$。如图16-4所示。
②拨 P_1 对应的偏角 Δ_1，即转动照准部找到 P_1 对应的水平度盘读数 Δ_1 或 $360°-\Delta_1$，得 ZH→P_1 方向，自 ZH 沿此方向量 ZH→P_1 对应的弦长得 P_1 桩位，钉木桩或用测钎标记。
③转动照准部找到 P_2 对应的水平度盘读数 Δ_2 或 $360°-\Delta_2$，得 ZH→P_2 方向，自 P_1 点量 P_1P_2 对应的弦长与此方向交会得 P_2，钉木桩或用测钎标记。
④按③所述方法测设 ZH～HY 段其余各中桩。
⑤转动照准部找到 HY 对应的水平度盘读数 Δ_h 或 $360°-\Delta_h$，得 ZH→HY 方向，沿此方向量 c_h 即得 HY 点。
⑥丈量 HY 与前一中桩之间的弦长进行校核，若误差超限，则应重测 ZH～HY 段。

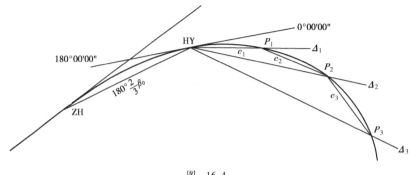

图 16-4

(2)测设 HZ~YH 段:

方法与测设 ZH~HY 段类同(在 HZ 点安置经纬仪,将 HZ→JD_2 方向的水平度盘读数设置为 00°00′00″。P_n 方向的水平度盘读数应为 360°−Δ_n,或 Δ_n)。

(3)测设 HY~YH 段:

①在 HY 点安置经纬仪,以 HY~ZH 方向为起始方向,将该方向的水平度盘读数设置为 180°−2/3β_0 或 180°+2/3β_0,此时,水平度盘读数为 00°00′00″的方向即为 HY 点的切线方向。

②拨 P_1 对应的偏角 Δ_1,即转动照准部找到 P_1 对应的水平度盘读数 360°−Δ_1 或 Δ_1。得 HY→P_1 方向,自 HY 沿此方向量 HY→P_1 对应的弦长得 P_1,钉木桩或用测钎标记。

③转动照准部找到 P_2 对应的水平度盘读数 Δ_2 或 360°−Δ_2,得 HY→P_2 方向,自 P_1 点量 P_1P_2 对应的弦长与此方向交会得 P_2,钉木桩或用测钎标记。

④按③所述方法测设 HY~QZ 段其余各桩并测出 QZ,与用主点测设方法测出的 QZ 位置比较,若误差超限,应重测 HY~QZ 段。

⑤继续按③所述方法测设至 YH 点,并与已测出的 YH 位置比较,若误差超限,应重测 QZ~YH 段。

3.校核。目测所测平曲线是否顺适,并丈量弦长进行校核。

4.绘制测设曲线草图。

四、实　　例

已知:JD_2 的里程桩号为 K0+986.38,转角 $\alpha_{右}$=35°30′,曲线半径 R=100m,缓和曲线长 L_s=35m(也可根据实训场地的具体情况改用其他数据),要求桩距为 10m,用偏角法详细测设此曲线(将计算结果填入实训报告中)。

五、注　意　事　项

1.计算测设数据时要细心。曲线元素经复核无误后才可计算主点桩号,主点桩号经复核无误后才可计算各桩的测设数据,各桩的测设数据经复核无误后才可进行测设。

2.曲线加桩的测设是在主点桩测设的基础上进行的,因此测设主点桩时要十分细心。

3.在丈量切线长、外距、弦长时,尺身要水平。

4.设置起始方向的水平度盘读数要细心。

5.平曲线的闭合差一般不得超过以下规定：

半径方向：±0.1m；切线方向：±(L/1000)，L为曲线长。

6.当时间较紧时，应在实训前计算好测设曲线所需的数据，不能在实训中边算边测，以防时间不够或出错。

六、上交资料

每人上交《用偏角法测设带有缓和曲线段的平曲线实训报告》一份。

实训十六（Ⅱ） 用偏角法测设带有缓和曲线段的平曲线实训报告

日期：　　　　　班级：　　　　　组别：　　　　　姓名：　　　　　学号：

实训题目	用偏角法测设带有缓和曲线段的平曲线			成绩		
实训目的						
主要仪器及工具						
交点号				交点桩号		

转角观测结果	盘位	目标	水平度盘读数	半测回右角值	右角	转角
	盘左					
	盘右					

曲线元素	$R=$	$L_s=$	$\beta_0=$	$P=$	$q=$
	$T_d=$	$T_h=$	$L_h=$	$E_h=$	$C_h=$

主点桩号	ZY 桩号：　　　　　　　　　　　　　　HY 桩号：
	QZ 桩号：
	YH 桩号：　　　　　　　　　　　　　　HZ 桩号：

各中桩的测设数据	测段	桩号	曲线长	偏角	水平度盘读数	弦长	备注
	ZH～HY						测站点：ZH 起始方向：ZH→JC 起始方向的水平度盘读数：0°00′00″
	HZ～YH						测站点：HZ 起始方向：HZ→JC 起始方向的水平度盘读数：0°00′00″

上交实训报告，请学生沿此线撕下

	测段	桩号	曲线长	偏角	水平度盘读数	弦长	备注
各中桩的测设数据	ZH~HY						测站点:HY 起始方向:HY→ZH 起始方向的水平度盘读数:$180°-\dfrac{2}{3}\beta_0$
实训场地布置草图							
实训总结							

实训十七　全站仪坐标放样

一、实训目的与任务

1. 掌握极坐标法放样点位测量原理。
2. 会使用全站仪进行点位的坐标放样。

二、仪器与工具

1. 由仪器室借领:全站仪1台、单棱镜1块、对中杆1根、花杆1根、木桩2个、斧子1把、记录板1块。
2. 自备:计算器、铅笔、小刀、计算用纸。

三、实训方法与步骤

1. 在实验区域内选取 A、B、C、D 四点,A、D 通视,A 点坐标已知,B、C 点为放样点,坐标也已知,见图 17-1。

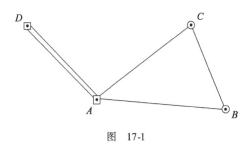

图　17-1

2. 在 A 点架设全站仪,对中、整平后,检查棱镜常数是否正确,输入测站点名、坐标,即完成全站仪的建站工作,后视瞄准 D 点花杆底部,输入 D 点坐标,设置后视已知方位角(如果已知该边坐标方位角,则可以直接设置方位角),即完成全站仪的定向工作。

3. 输入放样点 C 坐标,将全站仪调到放样准备状态,不同的全站仪操作方法不同,但都是先找出放样方向,即将方向差值调整为 0°00′00″,再在该方向线上设立带棱镜的对中杆,前后移动,将距离差值显示为 0.000m,一般我们规定放样误差在 2cm 范围以内即可。放样结束后可以测定该点坐标值,与已知点坐标进行对比检核。

4. 每位同学独立架设仪器,控制点可以共用,放样其他点位坐标。

5.因为不涉及高程问题,仪器高度和棱镜高度可以不输入。

四、注意事项

1.边长较短时,应特别注意严格对中。
2.瞄准目标一定要精确。
3.注意棱镜常数的设置、棱镜高度和仪器高度的量取和输入,如果不需要高程,可不输入测站高程、棱镜高度、仪器高度的数据。
4.我们要根据 A 点坐标的情况,适当设计放样点的坐标,以距离不太远,无遮挡地物为标准。

五、上交资料

每人上交一份含有合格观测记录表的《全站仪坐标放样实训报告》。

实训十七　　全站仪坐标放样记录表

日期：　　　　班级：　　　　组别：　　　　姓名：　　　　学号：

全站仪型号：	仪器高度 i =		棱镜高度 l =
测站点点名：	坐标：x =		y =
定向点点名：	坐标：x =		y =
已知坐标方位角 =			

放样点号	x	y	实测值			
			x'	y'	Δx	Δy

实训十七　　全站仪坐标放样实训报告

日期：　　　班级：　　　组别：　　　姓名：　　　学号：

实训题目	全站仪坐标放样		成绩	
实训目的				
主要仪器及工具				
实训场地布置草图				
实训主要步骤				
实训总结				

111

实训十八　GNSS-RTK 点位放样

一、实训目的与任务

1. 掌握利用 RTK 技术进行点位放样的过程。
2. 了解华测 GPS 接收机点放样方法和作业流程。

在本实训中须完成以下任务：(1)新建任务；(2)已知数据输入；(3)点放样。

二、仪器与工具

1. 基准站仪器：华测 X900 GNSS 接收机、DL3 电台、蓄电池、加长杆、电台天线、电台数据传输线、电台电源线、三脚架、基座。
2. 流动站仪器：华测 X900 GNSS 接收机、棒状天线、碳纤对中杆、手簿、托架、华测 Recon 电子手簿。

三、实训方法与步骤

1. 新建任务。

架设基准站和流动站仪器，打开手簿的测绘通软件。新建任务，启动基准站和流动站，进行点校正。当进入"固定"状况，可以进入碎部测量阶段。

2. 已知数据输入。

点击"键入"→"点"，进入键入点界面，在点名称下输入点名称，北输入 x 坐标，东输入 y 坐标，高程输入 h，如图 18-1 所示。

执行"选项"选择输入点的坐标系统与格式。输入点有两个作用，用此点进行点校正或放样此点。

(1) 点名称：可以是数字、字母、汉字。

(2) 代码：一般输入此点的属性、特征位置等，也可以是数字、字母、汉字；分别在北、东、高程输入此点的 x、y、h。

(3) 控制点：选与不选只是图标标记不同。

当需要修改键入点时，软件增加了修改功能，执行"文件"→"元素管理器"→"点管理器"进行修改。需要注意的是，测量获取的点是不能进行修改的。

3. 导入数据文件。

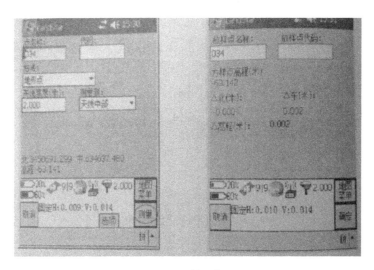

图 18-1　键入点

使用坐标进行放样时,若输入大量的已知点到手簿,既浪费时间又易出错,可把已知数据根据导入要求编辑成指定格式(有三类格式:①点名,x,y,h;②点名,代码,x,y,h;③x,y,h,点名),扩展名为 *.txt 或 *.pt;再把编辑好的文件复制到当前任务所在的目录下。选择"文件"→"导入"→"点坐标导入",如图 18-2 所示。

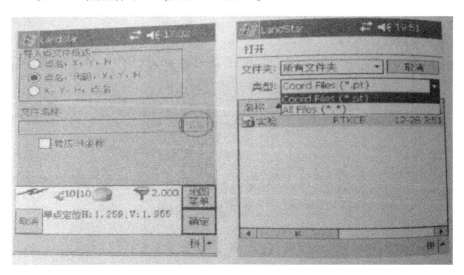

图 18-2　点坐标导入

(1)文件名称:选择导入数据的名称,如果数据文件是复制到当前任务目录下时,系统会自动显示出数据文件,或浏览文件夹及选择文件类型来找到目标数据文件。

(2)转成 WGS-84 坐标:其目的是把导入手簿的坐标以 WGS-84 的格式保存。图 18-3 即为编辑导入第一种方法的格式,高程后有无逗号不受影响。

4.点放样。

点击"测量"→"点放样"→"常规点放样",选择"增加",增加点的方法有 6 种。选择不同的方法,根据相应的引导路径进行操作,如图 18-4 所示。

(1)输入单一点名称:直接输入要放样点名称。

(2)从列表中选择:在点管理器中选择需放样的点。

(3)所有键入点:放样点界面上会导入全部的键入点。

(4)半径范围内的点:选择中心点及输入相应的半径,则会导入符合条件的点。

(5)所有点:导入点管理器中所有的点。

(6)相同代码点:导入所有具有该相同代码的点。

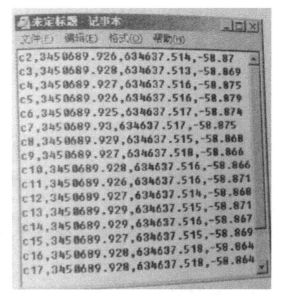

图 18-3 编辑数据导入文本

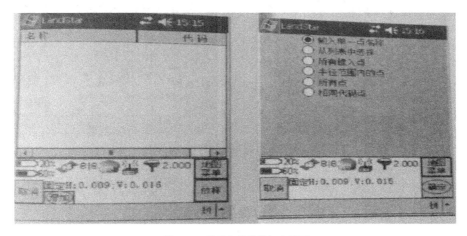

图 18-4 常规点放样增加点界面

导入放样点成功后,选择需要放样的点,点击"放样"按钮,输入正确的天线高度和测量到的位置,点击"开始",进行点的放样,如图 18-5 所示。

按照手簿中提示的方向移动对中杆,当接收机接近放样点时,箭头变为圆圈,目标点为十字丝。

执行"测量",正确输入"天线高度"和"测量到的位置"后,点击"测量"得出所放样点的坐标和设计坐标的差值,如图 18-6 所示。如果差值在要求范围内,则继续放样其他各点;否则需重新放样,标定该点。

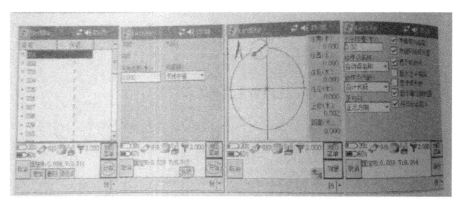

图 18-5　开始放样

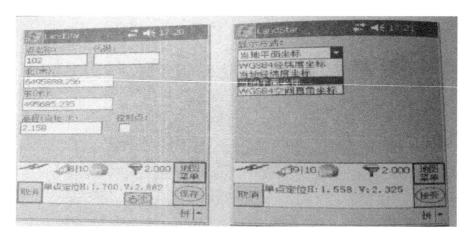

图 18-6　放样点检核

四、上 交 资 料

1. 每人上交《GNSS—RTK 点位放样记录表》一份。
2. 每人上交《GNSS—RTK 点位放样实训报告》一份。

实训十八　　GNSS-PTK 点放样记录表

日期：　　　班级：　　　组别：　　　姓名：　　　学号：

GPS 接收机型号：			天线高度 =		
已知点点名：		坐标:x =	y =		
已知点点名：		坐标:x =	y =		
校核点点名：		坐标:x =	y =		

放样点号	x	y	实测值			
			x'	y'	Δx	Δy

上交实训报告，请学生沿此线撕下

实训十八 GNSS-RTK 点位放样实训报告

日期：　　　　班级：　　　　组别：　　　　姓名：　　　　学号：

实训题目	**GNSS—RTK 点位放样**		成绩	
实训目的				
主要仪器及工具				
实训场地布置草图				
实训主要步骤				
实训总结				

实训十九 中平测量(用水准仪进行中平测量)

一、目的与要求

1. 熟悉中平测量的方法。
2. 学会中平测量的记录方法及成果计算。

二、仪器与工具

1. 由仪器室借领:水准仪 1 台、水准尺 2 根、尺垫 2 个、记录板 1 块、工具包 1 个、测伞 1 把、钢尺 1 卷、测钎若干、花杆 3 根、木桩若干。
2. 自备:计算器、铅笔、小刀、计算用纸。

三、实训方法与步骤

1. 选择长约 300m 的起伏路段,在路段起终点附近分别选定一个水准点 BM_1、BM_2,假定水准点 BM_1 的高程,用基平测量的方法测定两水准点间的高差并计算 BM_2 的高程(此项工作可利用相关实训的成果或在实训前由教师组织部分学生进行)。

2. 按 20m 的桩距设置中桩,在桩位处钉木桩或插测钎,并标注桩号(若时间较紧,此项工作也可在实训前由教师组织部分学生进行)。

3. 在测段始点附近的水准点 BM_1 上竖立水准尺,统筹考虑整个测设过程,选定前视转点 ZD_1 并竖立水准尺。

4. 见图 19-1,在距 BM_1、ZD_1 大致等远的地方安置水准仪,先读取后视点 BM_1 上水准尺的读数并记入后视栏;再读取前视点 ZD_1 上水准尺的读数,将此读数暂记入备注栏中适当的位置以防忘记;依次在本站各中桩处的地面上竖立水准尺并读取读数(可读至 cm),将各读数记入中视栏;最后记录前视点 ZD_1,并将 ZD_1 的读数记入前视栏。

5. 选定 ZD_2 并竖立水准尺,在距 ZD_1、ZD_2 大致等远的地方安置水准仪,先读取后视点 ZD_1 上水准尺的读数并记入后视栏;再读取前视点 ZD_2 上水准尺的读数,将此读数暂记入备注栏中适当的位置以防忘记;依次在本站各中桩处的地面上竖立水准尺并读取读数(一般可读至 cm),将各读数记入中视栏;最后记录前视点 ZD_2 并将 ZD_2 的读数记入前视栏。

6. 用上述方法观测所有中桩并测至路段终点附近的水准点 BM_2。

7. 计算中平测量测出的两水准点间的高差,并与两水准点间的已知高差进行符合,看是否满足精度要求: $h_{中} = \sum 后视读数 - \sum 前视读数$。

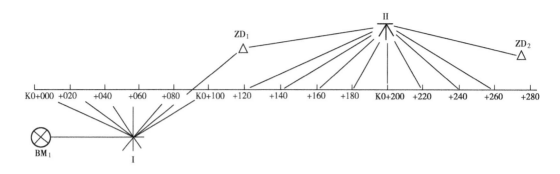

图 19-1

8. 计算各中桩的地面高程。

$$视线高程 = 后视点高程 + 后视读数$$
$$前视点高程 = 视线高程 - 前视读数$$
$$中桩地面高程 = 视线高程 - 中视读数$$

四、注意事项

1. 在各中桩处立尺时,水准尺不能放在桩顶,而应紧靠木桩放在地面上。
2. 转点应选在坚实、凸起的地点或稳固的桩顶,当选在一般的地面上时应置尺垫。
3. 前后视读数须读至 mm,中视读数一般可读至 cm。
4. 转点和测站点的选择要统筹考虑,不能顾此失彼。
5. 视线长一般不宜大于 100m。
6. 中平与基平符合时,容许闭合差 $f_{h容} = \pm 50\sqrt{L}(\text{mm})$,$L$ 为两水准点间的水准路线长度(以 km 为单位)。

五、上交资料

1. 每人上交《中平测量记录表》一份。
2. 每人上交《中平测量实训报告》一份。

实训十九　　　　　中平测量记录表

日期：　　　　班级：　　　　组别：　　　　姓名：　　　　学号：

测点	水准尺读数（m）			视线高程（m）	高程（m）	备　注
	后视	中视	前视			
Σ						
校核	$h_{中} = \Sigma_a - \Sigma_b =$　　　　　　　$h_{基} = H_{BM_2} - H_{BM_1} =$ $\Delta_{容} = \pm 50\sqrt{L}\,\text{mm}$　　　　　　　$\Delta = h_{中} - h_{基} =$					

上交实训报告，请学生沿此线撕下

实训十九 　　　　中平测量实训报告

日期： 　　班级： 　　组别： 　　姓名： 　　学号：

实训题目	中平测量		成绩	
实训目的				
主要仪器及工具				
实训场地布置草图				
实训主要步骤				
实训总结				

# 实训二十　高程及坡度放样

一、实训目的与任务

1. 会使用水准仪进行一般高程放样。
2. 会使用水准仪进行坡度放样。

二、仪器与工具

1. 由仪器室借领：水准仪 1 台、塔尺 1 根、木桩 6 个、皮尺 1 把、斧子 1 把、记录板 1 块。
2. 自备：计算器、铅笔、小刀、计算用纸。

三、实训方法与步骤

1. 测设数据计算。

选择一块空地，在相距大约 30m 定下 A、B 两点，打入木桩，设计 AB 的坡度线为 i_{AB} 中间等距离插入 1、2、3、4 点，打入木桩，假定 A 点起始点高程为 100m，然后根据坡度和距离计算出 1、2、3、4、B 点的设计高程。

如图 20-1 所示，A、B 为同一坡段上的两点，A 点的设计高程为 H_A，A、B 两点间的水平距离为 D_{AB}，坡度为 i_{AB}。则 B 点的设计高程应为：

$$H_B = H_A + D_{AB} \cdot i_{AB}$$

同理可以计算出中间 1、2、3、4 各点设计高程。

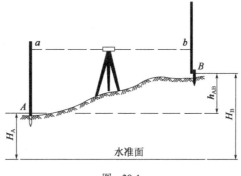

图 20-1

2.放样方法。

一般情况下,放样高程位置均低于水准仪视线高且不超出水准尺的工作长度。如图20-1所示,A 为已知点,其高程为 H_A,欲在 B 点定出高程为 H_B 的位置。具体放样过程为:先在 B 点打一长木桩,将水准仪安置在 A、B 之间,在 A 点立水准尺,后视 A 尺并读数 a,计算 B 处水准尺应有的前视读数 b:

$$b = (H_A + a) - H_B$$

靠 B 点木桩侧面竖立水准尺,上下移动水准尺,当水准仪在尺上的读数恰好为 b 时,在木桩侧面紧靠尺底画一横线,此横线即为设计高程 H_B 的位置。

同样道理可以放样出1、2、3、4各点高程位置。

此外,也可以采用倾斜仪器法进行坡度放样。如图20-2所示,已知坡度线 AB 的放样步骤如下:

(1)按上述方法放样出 H_B 的位置。

(2)将水准仪架在 A 点,使水准仪的一个脚螺旋位于 AB 方向上,另两个脚螺旋的连线与 AB 方向垂直,量出望远镜中心至 A 点(高程为 H_A)的铅垂距离即仪器高度 i。

(3)在 B 点(高程为 H_B)竖立水准尺,用望远镜瞄准 B 点的水准尺,并转动在 AB 方向上的脚螺旋,当十字丝的横丝对准水准尺上读数 i 时,仪器的视线即平行于设计坡度线。

(4)在 A、B 之间的1、2、3……点立水准尺,上下移动水准尺使十字丝的横丝对准水准尺上读数 i,此时尺底的位置即在设计坡度线上。

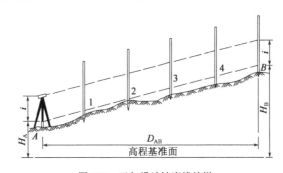

图20-2 已知设计坡度线放样

当设计坡度较大时,除上述第一步工作必须用水准仪外,其余工作可改用经纬仪进行测设。

在已知坡度线放样中,也可用木条代替水准尺。量取仪器高度 i 后,选择一根长度适当的木条,由木条底部向上量仪器高度 i,并在相应位置画红线;把画有红线的木条立在 B 点(高程为 H_B),调节仪器使十字丝横丝瞄准红线;把画有红线的木条依次立在放样位置1、2、3……,上下移动木条,直到望远镜十字丝横丝与木条上的红线重合为止,这时木条底部即在设计坡度线上。用木条代替水准尺放样不仅轻便,而且可减少放样出错的概率。当坡度较大时,可以采用经纬仪进行放样。

四、注 意 事 项

1.架设水准仪的位置尽量在 A、B 点之间,同时能看到1、2、3、4点的位置,便于观测放样。

2.坡度的假定也应该合理,以设计高程位置都落在木桩上为准,方便画线,最后能看到完整的坡度线。

五、上交资料

1.每人上交《高程及坡度放样记录表》一份。
2.每人上交《高程及坡度放样实训报告》一份。

实训二十　　高程及坡度放样记录表

日期：　　　　班级：　　　　组别：　　　　姓名：　　　　学号：

已知点 A 高程 $H_A =$ 　　　　　　设计坡度 $i_{AB} =$

点号	设计高程(m)	实测高程值	误差值

实训二十　　高程及坡度放样实训报告

日期：　　　　班级：　　　　组别：　　　　姓名：　　　　学号：

实训题目	高程及坡度放样		成绩	
实训目的				
主要仪器及工具				
实训场地布置草图				
实训主要步骤				
实训总结				

上交实训报告，请学生沿此线撕下

第二部分 工程测量综合实训指导

工程测量是道路与桥梁工程技术、工程监理等交通土建类专业一门重要的专业基础课。测量工作贯穿在公路与桥梁建设的规划、设计、施工和管理各个阶段,是公路与桥梁建设中不可缺少的环节。高职院校要求培养应用型人才,对学生强调实际运用和操作技能的训练,因此,在学完工程测量的基本理论之后,应安排测量综合实训。通过实训,学生系统复习、巩固、加深、扩展测量的基本知识,培养运用理论知识的能力,掌握各种测量仪器的实际操作技能,为学习专业课及毕业后完成工作任务奠定可靠基础。

一、实训要求及注意事项

(一)注意事项

1. 明确实训内容和任务,认真做好各项准备。
2. 遵守实训纪律,不无故缺勤,缺勤三分之一实训时间者,以实训成绩不及格处理。
3. 遵守操作规程,有问题要及时向指导老师请教。
4. 记录、计算应遵守以下规则:
   (1)要随测随记,观测者报完数后,记录者要立即回报,再记入规定的表格,并完成表格中的各项计算;
   (2)记录要清晰,字迹工整不潦草,记录不能涂改,万一要改,应先用单线画去错误的,在上方写出正确数据,严禁涂改数据和伪造成果;
   (3)记录要准确,要记全观测时能读出的位数;
   (4)表格内各项,要记录、计算齐全,观测者、记录者均要签名,并对成果负责。
5. 仪器产生故障,要向老师报告,绝对不能自行处理。仪器作检验、校正时,必须在老师指导下进行。
6. 实训开始后,要在仪器室借用所需仪器和工具,要查点数目,检查仪器各部件是否满足实训要求,若合乎要求,使用者应向仪器室写借条,方可取走。实训结束后,要将所借仪器、工具如数归还,如有遗失或损坏,应遵照学校规定赔偿。
7. 组长应负责组织好本组的各项实训工作开展,每个学生要发挥主动性和积极性。
8. 遵守纪律,在野外实训要爱护庄稼,注意保护环境。
9. 在实训中必须注意人身安全。

(二)爱护仪器和工具

测量仪器精密贵重,既是完成好测量实训任务的保证,又是学校重要公共财物之一;如有遗失或损坏,将给工作带来很大影响,对国家财产造成不应有的损失,所以爱护仪器是我

们的职责,每个学生都应养成爱护仪器的良好习惯。为此,应注意以下几点:

1. 仪器箱要小心轻放,打开箱后应先注意仪器在箱内的位置,然后用双手握住基座(不准抓物镜、目镜、水准管等部位)取出仪器,放松各制动螺旋。

2. 三脚架应安稳,然后将取出的仪器装在上面。安装仪器时,要用右手扶住仪器,左手拧紧中心连接螺旋。严禁未拧紧中心连接螺旋就使用仪器,以免仪器从架上跌落下来而损坏。

3. 仪器从箱中取出后,应立即盖好箱盖,并妥善放好,迁站时要带走仪器箱。严禁把仪器箱当凳子。

4. 转动仪器时应先松动制动螺旋,不能用力过猛扭转仪器,使轴承损坏。使用制动螺旋时,力度要适中,使用微动螺旋时,要使之旋到中间适当位置,不能旋到极端位置,以免失灵。

5. 观测时,要用双手扶仪器轻轻转动,先想好转动方向,再动手,做到胆大心细。

6. 操作时,手不要压在三脚架上,以免仪器变位影响观测精度。

7. 仪器架设在测站上,必须有人照管,任何时候,仪器旁边必须有人,绝对不允许将仪器靠在墙上或树枝上等地方。

8. 物镜、目镜等光学玻璃部分,不能用手或其他东西随便擦拭。

9. 观测时要用测伞遮挡,以免仪器受阳光暴晒或雨淋而损坏,若仪器上有水点,则应晾干后再装箱。

10. 仪器搬迁时,若距离远,应将仪器装入箱内再搬,若距离近,可将仪器连同三脚架夹在右肋下左手托住基座抱着前进,不准扛在肩上。

11. 观测完后,用毛刷除去外壳灰尘,各种螺旋转至适中位置(脚螺旋、微动螺旋等),松动制动螺旋,将仪器按原位置装入箱内,再适当拧紧制动螺旋。

12. 收三脚架,应先将伸出的腿收拢起来,除去铁脚上的泥土,再扎起来。

13. 使用钢尺量距时,尺子不能扭曲,不能让人脚踏或车辆压过,移动钢尺,尺身不能拖地。用完以后擦拭干净,涂上凡士林或黄油,然后卷入盒中。

14. 标杆插地时,不要用力过猛,以免折断,不能用标杆抬仪器或挑东西以及当棍棒玩耍等。

15. 水准尺不能随地乱放,不能靠在墙上或树枝上无人照管,以免跌落损坏,更不能把标尺当凳子坐。

16. 插测钎不要用力过猛,以免扭曲。不能乱放而遗失。

17. 仪器箱要放平,同时应放在通风干燥的地方,保持清洁。

18. 各组借领仪器后,要分工由专人保管,以免丢失。

19. 测量实训有以外业工作为主、以作业小组为单位去完成各项测量任务的特点,实训中要求学生热爱集体,吃苦耐劳,严格执行规范要求,对工作认真负责,实事求是,爱护仪器和工具,培养良好的职业道德。

二、实训内容与指导

测量综合实训按实训重点不同分为以下两种实训方案,各院校可根据本校教学实际选用其中一种方案进行实训:

方 案 一

(重点:加强控制测量中经纬仪、钢尺、导线和中线测量实训)

一、实训目的与任务

1.通过本实训使学生熟练掌握各种基本测量仪器的实际操作技能。
2.掌握小区域控制测量：
(1)掌握用导线(经纬仪钢尺导线)测量方法建立公路路线测区的平面控制；
(2)掌握用普通水准测量的方法建立测区的高程控制(基平测量)。
3.通过实训使学生掌握公路中线测量基本方法；掌握公路路线的转角测量、起终边磁方位角测量、中线里程桩的测设、曲线测设等测量方法和基本技能。
4.使学生掌握路线的纵、横断面的测量方法以及纵、横断面图的绘制。
5.通过实训使学生掌握公路路线大比例尺带状地形图的测绘。

二、时间安排

综合实训共计4周,具体安排见下表。

序号	内　　容	天　数
1	准备(包括分组人员组织领仪器及场地布置等)	1
2	经纬仪、钢尺、导线测量	3
3	中线测量	3
4	基平、中平测量	3
5	路线横断面测量	2
6	路线带状地形图测绘	3
7	计算及资料整理	1
8	仪器实际操作考核	2
9	实训上交资料整理及总结	1
10	机动	1
11	合计	20

三、仪器配备

以作业小组为单位,各阶段应借领的仪器和工具见下表。

序号	实训内容	仪器 名称	数量	工具 名称	数量
1	平面控制（导线测量）	JD_2 或 JD_6 经纬仪	1台	50m 钢尺 标杆 测钎 木桩 铁钉 记录表	1把 3根 若干 若干 若干 若干份
2	基平、中平测量	DS_3 水准仪	1台	水准尺 尺垫 记录表	1对 1对 若干份
3	路线带状地形图测绘	经纬仪（与平面控制共用）		丁字尺 图纸 标杆 比例尺 地形图图示 量角器 记录表	1根 1张 2根 1根 1本 1个 若干份
4	中线测量	经纬仪（与平面控制共用）		标杆 木桩 红油漆 桩号笔 铁钉 皮尺 方向架 测钎 计算表格	3根 若干 1桶 4只 若干 1卷 1个 1束 若干份
5	横断面测量			皮尺 标杆 方向架 测钎 记录表	1卷 3根 1个 1束 若干份

注:1. 各校自定各种记录表的格式。
　　2. 每位学生自备绘制纵、横断面的厘米纸。
　　3. 学生自备计算器、铅笔、小刀等。

四、实训指导

I 导线测量

测绘大比例尺地形图,就必须建立测图控制网作为测图的依据。对于公路工程,由于设计是在 1:2000 带状地形图上进行的,因此测图控制通常是采用导线形式并沿路线方向布设。

（一）导线布设

先由教师统一划分测区后，选视野开阔处，目估测区大小，草拟导线布设位置，然后详细踏勘，对所测范围内地形有一个全面了解，选定导线点位置。导线总长大约为2km。

（二）选点要求

1. 导线宜采用闭合导线形式（即以闭合导线模拟代替附合导线），导线各边长度大致相等。

2. 相邻导线点之间要通视良好，以便于丈量边长。

3. 导线点位要选在土质坚实、稳定处，也可选在巨大岩石上，以便于标志保存和安置仪器。

4. 导线点应选在地势较高、视野开阔的地方，以便于碎部测量、加密、中线测量以及施工放样。

5. 所选的导线点，必须满足观测视线超越（或旁离）障碍物1.3m以上。

6. 路线平面控制点的位置应沿路线布设，距路中心的位置宜大于50m且小于300m，同时应便于测角、测距，及地形测量和定线放样等。

（三）定位标示

点位选定后，应在每一个点位上打木桩，在桩顶钉上铁钉，易丢失区域应设指示桩，并绘出控制点固定草图。

（四）导线边长丈量

1. 采用钢尺按往返丈量一个测回，相对误差要按小于1/2000的要求进行边长丈量，取往返丈量的平均值作为该段的边长。

2. 边长丈量的其他要求及方法见教材中的相关内容。

（五）观测水平角

1. 测量前要注意仪器检校。

2. 起始边磁方位角用罗盘仪测正反方位角，较差≤±1°时，取平均值使用。

3. 导线的角度观测（观测闭合导线内角），可用CJ_2或CJ_6型经纬仪按测回法进行观测。每站观测一测回，上、下半测回较差应小于40″，取平均值使用。其他测量精度应满足相关技术要求。

4. 用经纬仪测角时，要尽量照准花杆底部或木桩上的铁钉。

（六）导线测量精度要求

1. 角度测量精度要求（半测回差）：±40″。

2. 距离丈量精度要求：1/2000。

3. 导线闭合差精度要求：

（1）角度闭合差：$±40\sqrt{n}″$，n在闭合导线中代表内角个数，在附合导线中代表测站数。

（2）导线全长相对闭合差：1/2000。

（七）内业计算

1. 内业计算要严肃认真，首先应仔细检查所有外业记录和计算是否正确，各项误差是否在允许范围之内，以保证原始数据的正确性。

2. 具体计算方法和过程参考教材中相关内容。

3. 内业计算成果要整理好，同实训报告一同交指导教师。

II 路线测量

(一) 中线测量

以导线点为交点,自定曲线半径 R 和缓和段长度 L_s,根据导线所测角度计算偏角值,由半径 R、缓和段长度 L_s 和偏角计算曲线测设元素。路线的中桩按整桩号法设桩。平曲线测设可用切线支距法或偏角法进行,具体测设计算方法参考教材中相关内容。

中线测量要求:

(1) 直线上整桩距:20m。

(2) 曲线上整桩距:10m。

(3) 回头曲线上整桩距:5m。

(二) 基平、中平测量

1. 测量前应检校水准仪。

2. 用一台水准仪进行普通水准测量,采用变换仪器高度法进行一测站观测,两次高差之差应小于 5mm,沿中线方向每隔 0.5～1km 设置一个水准点,两个水准点间应往返观测,其闭合差应符合下列要求:

$$f_{h容} = \pm 30\sqrt{L}\,\text{mm} \quad 或 \quad f_{h容} = \pm 9\sqrt{n}\,\text{mm}$$

式中:L——水准路线长度,以 km 为单位,适用于平地;

n——测站数,适用于山地。

在限差内取高差中数作为正确值,由假定的起始点高程推算各水准点高程,作为中平测量的依据。

3. 水准测量记录按普通水准测量格式,记录时要注意复核。

4. 中平符合基平精度:

$$f_{h容} = \pm 50\sqrt{L}\,\text{mm}$$

式中:L——水准路线长度,以 km 为单位。

测量方法采用视线高法。测定中线各桩地面高程,据其高程绘制路线纵断面图。具体测量计算方法请参考《工程测量》(第 4 版)中相关内容。

(三) 横断面测量

用方向架定出横断面方向,采用花杆法或其他方法现场绘制 1:200 横断面图。绘横断面宽度 30m,具体测量计算方法请参考《工程测量》(第 4 版)中相关内容。

(四) 带状地形测量

1. 图纸的准备。

地形图使用的图纸,必须坚韧、伸缩性小、不渗水。为减小变形,可将图纸裱糊在不变形的图板上(也可使用目前我国广泛采用的聚酯薄膜)。为了测绘、保管和使用上的方便,地形图使用的图纸图幅尺寸一般采用 50cm×50cm、40cm×40cm、40cm×50cm。

测图前要把准备工作做好,用精确直尺或坐标格网尺绘制 10cm×10cm 直角坐标格网。

2. 展绘控制点。

根据测区的大小、范围以及控制点的坐标和测图比例尺,对测区进行分幅,再依据控制点的坐标值展绘图根控制点。控制点展绘结束后,应进行精度检查,即用比例尺在图纸上量取相邻控制点之间的距离,然后和已知的距离比较,其最大误差在图纸上不应超过 0.3mm;

否则,控制点应重新展绘。直到满足要求为止。

3. 地形测量。

根据展绘的控制点或中桩组记录,测绘导线两侧带状地形图,比例尺可取 1∶500～1∶2000(公路中线也可用经纬仪测绘法根据中桩组记录先进行绘制,再利用中线上的百米桩、公里桩等作为控制桩进行公路带状地形图的测绘。)

4. 地形测量精度要求。

(1)坐标格网绘制精度要求等详见《工程测量》(第4版)。

(2)视距测量:地形点间在图上的最大距离不应超过 3cm;各种比例尺的地形点间距以及最大视距长度见下表。

测图比例尺	地面上地形点间的距离(m)	最大视距(m)		高程注记(m)
		重要地物	次要地物和地形点	
1∶500	15	60	100	0.01 或 0.10
1∶1000	30	100	150	0.10
1∶2000	60	180	200	0.10

(3)实训中采用地形图比例尺可取 1∶500～1∶2000,基本等高距为 1m。

Ⅲ 应交资料

(一)应以作业小组为单位上交资料

1. 地形测量和路线测量的全部外业观测成果;具体包括测角、量距、水准测量等外业记录表格,导线测量计算表(应有草图),高程计算表。

2. 整饰好的路线带状地形图一份。

3. 路线纵、横断面图各一份。

(二)每个学生上交实训报告一份

1. 实训目的和任务。

2. 实训内容。

3. 实训收获、心得、体会。

4. 对教学的意见和建议等。

五、仪器操作考核与成绩评定

(一)测量仪器操作考核办法

根据《工程测量工实践技能要求》制定"实践技能项目和考核标准"及"工程测量教学实训成绩评定方法",均采用百分制计个人成绩。测量仪器操作考核包含下列两项内容:

1. 用经纬仪观测某水平角 1 个测回,要求半测回角值互差小于 40″。

水平角观测评分标准分下面两部分内容:

(1)基础分(30 分):

能够正确操作经纬仪,会对中与整平(10 分)。

会正确配置水平度盘(10 分)。

记录整洁、计算正确(10 分)。

(2)严格按测回法的观测程序作业,作业时间要求:

$t \leqslant 10\text{min}$　　　　　70 分

$10\text{min} < t \leqslant 13\text{min}$　　60 分

$13\text{min} < t \leqslant 18\text{min}$　　50 分

$18\text{min} < t \leqslant 25\text{min}$　　30 分

超过 25min　　　　　0 分

如角差超限,可继续观测,时间按累计计算。

2. 用 DS_3 水准仪完成一等外闭合水准路线观测。要求路线总长度 150m 左右,分 3 站观测采用塔尺变换仪器高法观测。闭合差按 $12\sqrt{n}\,\text{mm}$ 考虑。

水准测量评分标准分下面两部分内容:

(1) 基础分(20 分):

能够正确操作水准仪,会粗平与精平(10 分)。

记录整洁、计算正确(10 分)。

(2) 仪器操作规范,高差闭合差符合要求,作业时间要求:

$t \leqslant 20\text{min}$　　　　　(80 分)

$20\text{min} < t \leqslant 25\text{min}$　　(70 分)

$25\text{min} < t \leqslant 30\text{min}$　　(60 分)

$30\text{min} < t \leqslant 35\text{min}$　　(40 分)

超过 35min　　　　　(0 分)

如高差闭合差超限,可继续观测,时间按累计计算。

(二) 工程测量综合实训成绩评定方法

序号	评定项目	基 本 要 求	各项目占实训成绩的比例
1	经纬仪技术操作	按考核标准执行	25%
2	水准仪技术操作	按考核标准执行	25%
3	上交实训资料	(1) 内业资料完整; (2) 外业观测成果符合技术要求	30%
4	实训报告	(1) 文理通顺,结论明确; (2) 内容全面,字迹工整	10%
5	平时表现	(1) 爱护仪器和工具; (2) 遵守实训纪律	10%
	外业观测记录	(1) 观测前检查仪器; (2) 记录完整、纸面干净并符合规定要求,估读准确,计算无误; (3) 外业观测成果符合规定要求	
	内业计算	(1) 按时完成平差计算,计算正确无误; (2) 字迹工整,纸面干净; (3) 误差符合规定要求	

方 案 二

(重点:加强控制测量中全站仪导线测量、数字地形测量及用极坐标法进行中线测设。)

一、实训目的与任务

1.通过实训使学生熟练掌握全站仪及数字测图软件的实际操作技能。
2.掌握全站仪导线测量及光电测距三角高程测量:
(1)掌握用全站仪导线测量的方法建立公路路线测区的平面控制。
(2)掌握用光电测距三角高程测量的方法建立测区的高程控制(基平测量)及中平测量。
3.通过实训使学生掌握公路中线测量中极坐标法放样方法。
4.使学生掌握路线的纵、横断面的测量方法以及纵、横断面图的绘制。
5.了解路线大比例尺全站仪数字地形测图的基本方法。

二、时间安排

综合实训共计4周,具体安排见下表。

序号	内容	天数
1	准备(包括分组人员组织领仪器及场地布置等)	1
2	平面及高程控制测量(全站仪导线测量、三角高程测量)	3
3	计算及资料整理	1
4	极坐标法进行中桩放样	4
5	用全站仪进行公路路线纵断面测量(中平测量)	2
6	公路路线横断面测量	2
7	带状地形图测绘	4
8	仪器实际操作考核(主要考核全站仪及数字地形图测绘)	2
9	实训上交资料整理及总结	1
10	合计	20

三、仪器配备

以作业小组为单位,各阶段应借领的仪器和工具见下表。

序号	实训内容	仪器		工具	
		名称	数量	名称	数量
1	平面及高程控制测量	全站仪(全套)	1台	小钢卷尺 记录板 斧子 木桩 铁钉 记录表 测伞 记录表	1把 1块 1把 若干 若干 若干 1把 若干
2	中线测量	同上		木桩 红油漆 测钎 计算表格	若干 1桶 2根 若干
3	纵断面测量	同上		记录表	若干
4	横断面测量	同上		皮尺 标杆 方向架 记录表	1卷 3根 1个 若干
5	数字地形测图	同上 电子平板(笔记本电脑、软件及附件全套)	一套	记录表 钢卷尺	若干 1把

注:1. 各校自定各种记录表的格式;
2. 每位学生自备绘制纵、横断面的厘米纸;
3. 学生自备计算器、铅笔、小刀等;
4. 全站仪(全套)是指包括全站仪主机、棱镜(棱镜头及棱镜杆)、三脚架、电池及充电器等能使仪器正常使用的所有配件;
5. 电子平板是指笔记本电脑、三脚架及平板、软件及其配套分类编码表、数据传输线等能使全站仪与电子平板进行正常数字测图所需的所有配件。

四、实训指导

I 全站仪导线测量

(一)用全站仪进行导线边长、水平角、导线点坐标测量(精度要求同"方案一")

假定导线起始点坐标及起始边坐标方位角,直接用全站仪观测各导线边的边长、水平角及导线点的坐标,作为成果处理时的观测值。

(二)用全站仪进行三角高程测量

1. 三角高程测量宜用对向观测(为了消除地球曲率和大气折光对高差的影响),且宜在较短的时间内完成。

2.具体要求见《工程测量》(第4版)有关内容。

3.高程测量精度要求。

光电测距三角高程测量精度要求,实训要求按照光电测距五等三角高程测量的精度和技术要求进行。具体要求如下:

视距长度不得大于	1km
垂直角不得大于	15°
测距边测回数	1个测回
指标差较差	≤10″
垂直角较差	≤10″
对向观测高差较差	$60\sqrt{D}$ (mm)
附合或环线闭合差	$30\sqrt{D}$ (mm)

D 以 km 为单位。

(三)内业计算

1.内业计算要严肃认真,应仔细检查所有外业记录和计算是否正确,各项误差是否在允许范围之内,以保证原始数据的正确性。

2.具体计算方法和过程参考《工程测量》(第4版)相关内容。

3.内业计算成果要整理好,同实训报告一同交指导教师。

Ⅱ 路线测量

(一)中线测设

根据导线的测量成果,以导线点为交点并选定圆曲线半径,根据交点的坐标、切线的坐标方位角与切线长,采用导线坐标的计算方法,计算主点的坐标,并绘出草图。有条件时可以现场计算公路中线中桩坐标。

圆曲线的中桩计算比较简单,而带有缓和曲线段的平曲线,其测设坐标的计算则比较麻烦,现举例如下,见下图所示。

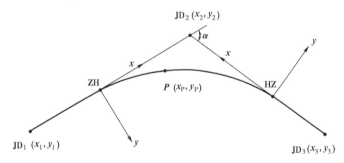

1.计算平曲线各中桩的坐标。

(1)已知 JD_1、JD_2、JD_3 的坐标,并选定圆曲线半径 R 和缓和曲线段长度 L_s;

(2)确定交点的里程,并计算转角 α。两交点之间的距离用坐标计算或用仪器直接测出。计算方法为前交点的里程等于后交点的里程加前后交点之间的距离减后交点的切曲差(超距)。

象限角：
$$R_{12} = \arctan\left|\frac{y_2 - y_1}{x_2 - x_1}\right| = \arctan\left|\frac{\Delta y_{12}}{\Delta x_{12}}\right|$$

$$R_{23} = \arctan\left|\frac{y_3 - y_2}{x_3 - x_2}\right| = \arctan\left|\frac{\Delta y_{23}}{\Delta x_{23}}\right|$$

根据 Δx、Δy 的正负，把象限角 R_{12}、R_{23} 换算成坐标方位角 α_{12}、α_{23}。

转角：$\alpha = \alpha_{23} - \alpha_{12}$

（3）计算曲线测设元素和主点里程：

内移值
$$p = \frac{L_s^2}{24R}$$

切线角
$$\beta = \frac{L_s}{2R} \times \frac{180°}{\pi}$$

切线增长值
$$q = \frac{L_s}{2} - \frac{L_s^3}{240R^2}$$

缓和曲线终点的直角坐标：
$$x_h = L_s - \frac{L_s^3}{40R^2}$$

$$y_h = \frac{L_s^2}{6R}$$

切线长
$$T_h = (R + P)\tan\frac{\alpha}{2} + q$$

圆曲线长
$$L_y = R(\alpha - 2\beta) \times \frac{\pi}{180°}$$

曲线长
$$L_h = R(\alpha - 2\beta) \times \frac{\pi}{180°} + 2L_s$$

切曲差
$$D_h = 2T_h - L_h$$

根据交点里程和测设元素即可按下列顺序依次计算各主点里程，并作校核。

交点	JD	里程
	−)	T_h
直缓点	ZH	里程
	+)	L_s
缓圆点	HY	里程
	+)	L_y
圆缓点	YH	里程
	+)	L_s
缓直点	HZ	里程
	−)	$L_h/2$
曲中点	QZ	里程
	+)	$D_h/2$
交点	JD	里程（校核）

（4）计算中桩坐标：

先根据交点的坐标、切线的坐标方位角与切线长，采用导线坐标的计算方法，计算主点

ZH、HZ 的坐标,然后以 ZH(或 HZ)为坐标原点,以向 JD_2 的切线为 x' 轴,过原点的法线为 y' 轴,建立 $x'o'y'$ 坐标系,利用切线支距法的原理计算中桩 P 点在该坐标系中的坐标 (x',y') ,再用坐标平移和旋转的方法把此坐标转换为路线坐标中的坐标值 (x,y) 。

计算主点坐标:

$$\begin{cases} x_{ZH} = x_2 + \Delta x_{JC2,ZH} = x_2 + T_h \cos(\alpha_{12} + 180°) \\ y_{ZH} = y_2 + \Delta y_{JC2,ZH} = y_2 + T_h \sin(\alpha_{12} + 180°) \end{cases}$$

$$\begin{cases} x_{HZ} = x_2 + \Delta x_{JC2,HZ} = x_2 + T_h \cos\alpha_{23} \\ y_{HZ} = y_2 + \Delta y_{JC2,HZ} = y_2 + T_h \sin\alpha_{23} \end{cases}$$

计算 P 桩在 $x'o'y'$ 坐标系中的坐标值 (x',y'):

如 P 桩在缓和曲线段内:

$$x' = l - \frac{l^5}{40R^2 L_s^2}$$

$$y' = \frac{l^3}{60RL_s}$$

如 P 桩在圆曲线段内:

$$x' = R\sin\left(\frac{l - L_s/2}{R} \times \frac{180°}{\pi}\right) + q$$

$$y' = R\left[1 - \cos\left(\frac{l - L_s/2}{R} \times \frac{180°}{\pi}\right)\right] + p$$

坐标转换:

前半个曲线 $\begin{cases} x = x_{ZH} + x'\cos\alpha_{12} - y'\sin\alpha_{12} \\ y = y_{ZH} + x'\sin\alpha_{12} + y'\cos\alpha_{12} \end{cases}$

后半个曲线 $\begin{cases} x = x_{HZ} + x'\cos(\alpha_{23} + 180°) - y'\sin(\alpha_{23} + 180°) \\ y = y_{HZ} + x'\sin(\alpha_{23} + 180°) + y'\cos(\alpha_{23} + 180°) \end{cases}$

式中 x' 的符号始终为正,y' 的符号有正有负,当 y' 值在 x' 轴的右边时,y' 值应取正,当 y' 在 x' 轴的左边时,y' 值应取负。

【例】 某公路,JD_{11}、JD_{12}、JD_{13} 的坐标见下表,JD_{12} 的半径 $R = 600m$,缓和曲线长 $L_s = 150m$,计算各主点及中桩的坐标。

交点序号	桩 号	$x(m)$	$y(m)$
JD_{11}	K15+508.38	40 485.200	111 275.000
JD_{12}	K16+383.79	40 728.000	110 516.000
JD_{13}	K16+862.65	40 591.000	110 045.000

解:

(1)求转角 α:

$$\gamma_{11-12} = \arctan\left|\frac{y_{12} - y_{11}}{x_{12} - x_{11}}\right| = \arctan\left|\frac{110516 - 111275}{40728 - 40485.2}\right|$$

$$= \arctan\left|\frac{-759}{243.8}\right| = 72°15'39''$$

$$\gamma_{12-13} = \arctan\left|\frac{y_{13} - y_{12}}{x_{13} - x_{12}}\right| = \arctan\left|\frac{110045 - 110516}{40591 - 40728}\right|$$

$$= \arctan\left|\frac{-471}{-137}\right| = 73°46'55''$$

根据 Δx、Δy 的正负可得：

$$\alpha_{11-12} = 360° - \gamma_{11-12} = 287°44'21''$$

转角

$$\alpha_{12-13} = 180° + \gamma_{12-13} = 253°46'55''$$

$$\alpha = \alpha_{12-13} - \alpha_{11-12} = -33°57'26'' (左转角)$$

(2) 计算曲线要素、元素和主点里程：

$$P = \frac{L_s^2}{24R} = 1.569\text{m} \qquad q = \frac{L_s}{2} - \frac{L_s^3}{240R^2} = 74.96\text{m}$$

$$\beta = \frac{L_s}{2R} \times \frac{180°}{\pi}$$

$$x_h = L_s - \frac{L_s^3}{40R^2} = 149.766\text{m} \qquad y_h = \frac{L_s^2}{6R} = 6.25\text{m}$$

$$T_h = (R + P)\tan\frac{\alpha}{2} + q = 258.634\text{m}$$

$$L_h = R(\alpha - 2\beta) \times \frac{\pi}{180°} + 2L_s = 505.601\text{m}$$

ZH 里程 = JD 里程 $- T_h$ = K16 + 125.16

HY 里程 = ZH 里程 $+ L_s$ = K16 + 275.16

QZ 里程 = ZH 里程 $+ L_h/2$ = K16 + 377.96

HZ 里程 = ZH 里程 $+ L_h$ = K16 + 630.76

YH 里程 = HZ 里程 $- L_s$ = K16 + 480.76

(3) 计算主点坐标：

$$x_{ZH} = x_{12} + \Delta x_{12,ZH} = x_{12} + T_h\cos(\alpha_{11-12} + 180°)$$
$$= 40728 + 258.634\cos(287°44'21'' + 180°)$$
$$= 40649.198\text{m}$$

$$y_{ZH} = y_{12} + T_h\sin(\alpha_{11-12} + 180°)$$
$$= 110516 + 258.634\sin(287°44'21'' + 180°)$$
$$= 110762.337\text{m}$$

$$x_{HZ} = x_{12} + T_h\cos\alpha_{12-13} = 40728 + 258.634\cos253°46'55''$$
$$= 40655.765\text{m}$$

$$y_{HZ} = x_{12} + T_h\sin\alpha_{12-13} = 110516 + 258.634\sin253°46'55''$$
$$= 110267.658\text{m}$$

$$x_{HY} = x_{ZH} + x_h\cos\alpha_{11-12} - y_h\sin\alpha_{11-12}$$
$$= 40649.198 + 149.766\cos287°44'21'' - (-6.25)\sin287°44'21''$$
$$= 40688.877\text{m}$$

$$y_{HY} = y_{ZH} + x_h\sin\alpha_{11-12} + y_h\cos\alpha_{11-12}$$
$$= 110617.788\text{m}$$

$$x_{YH} = x_{HZ} + x_h\cos(\alpha_{12-13} + 180°) - y_h\sin(\alpha_{12-13} + 180°)$$
$$= 40691.592\text{m}$$

$$y_{YH} = y_{HZ} + x_h \sin(\alpha_{12-13} + 180°) + y_h \cos(\alpha_{12-13} + 180°)$$
$$= 110413.210 \text{m}$$

(4) 计算中桩的坐标：

① 中桩在缓和曲线段的坐标计算（K16+140）：

$$l = 140 - 125.16 = 14.84 \text{m}$$

$$x' = l - \frac{l^5}{40R^2L_s^2} = 14.84 - \frac{14.84^5}{40 \times 600^2 \times 150^2} = 14.84 \text{m}$$

$$y' = \frac{l^3}{6RL_s} = \frac{14.84^3}{6 \times 600 \times 150} = 0.006 \text{（应取负值）}$$

$$x_{K16+140} = x_{ZH} + x'\cos\alpha_{11-12} - y'\sin\alpha_{11-12}$$
$$= 40653.714 \text{m}$$

$$y_{K16+140} = y_{ZH} + x'\sin\alpha_{11-12} + y'\cos\alpha_{11-12}$$
$$= 110748.201 \text{m}$$

② 中桩在圆曲线段的坐标计算（K16+300）：

$$l = 300 - 125.16 = 174.84 \text{m}$$

$$x' = R\sin\left(\frac{l - L_s/2}{R} \times \frac{180°}{\pi}\right) + q = 174.341 \text{m}$$

$$y' = R\left[1 - \cos\left(\frac{l - L_s/2}{R} \times \frac{180°}{\pi}\right)\right] + p = 9.857 \text{m（应取负值）}$$

$$x_{K16+300} = x_{ZH} + x'\cos\alpha_{11-12} - y'\sin\alpha_{11-12}$$
$$= 40692.927 \text{m}$$

$$y_{K16+300} = y_{ZH} + x'\sin\alpha_{11-12} + y'\cos\alpha_{11-12}$$
$$= 110593.282 \text{m}$$

桩 号	x 坐标(m)	y 坐标(m)	桩 号	x 坐标(m)	y 坐标(m)
ZH K16+125.16	40649.198	110762.337	+400	40698.906	110493.573
+140	40653.714	110748.201	+420	40698.104	110473.590
+160	40659.740	110729.126	+440	40696.636	110453.645
+180	40665.617	110710.009	+460	40694.504	110433.760
+200	40671.260	110690.822	+480	40691.711	110413.957
+220	40676.584	110671.544	HY K16+480.76	40691.592	110413.210
+240	40681.499	110652.157	+500	40688.276	110394.254
+260	40685.917	110632.652	+520	40684.268	110374.661
HY K16+275.16	40688.877	110617.788	+540	40679.778	110355.172
+280	40689.747	110613.023	+560	40674.895	110335.777
+300	40692.927	110593.282	+580	40669.708	110316.462
+320	40695.454	110573.439	+600	40664.303	110297.206
+340	40697.315	110553.527	+620	40658.767	110277.987
+360	40698.512	110533.564	HZ K16+630.76	40655.765	110267.658
+380	40699.042	110513.572			

2. 测设中桩。

将全站仪安置在地势比较高、视野比较开阔的已知坐标点上,后视另一已知坐标点[本实训测站可选用 JD_2,它的坐标为 (x_2, y_2),后视点可选用 JD_1,坐标为 (x_1, y_1)]。输入中桩点坐标开始按坐标放样。

(二)全站仪中平测量

中平测量是将全站仪架设在高程已知的交点上进行的,通过三角高程测量的方法快速测定路线中桩高程,并根据测定的中线各桩地面高程绘制路线纵断面图(有条件时可以用专业软件进行绘制)。

(三)横断面测量

用方向架定出横断面方向,采用花杆法或其他方法现场绘制 1∶200 横断面图。或有条件时可以先进行表格记录用,而后用专业软件进行绘制。

(四)全站仪数字带状地形图测绘

1. 仪器资料准备。

数字测图法所需的生产设备为全站仪(或测距经纬仪)、电子手簿(或掌上电脑和笔记本电脑)、计算机和数字化测图软件。

收集高级控制点(导线点)成果资料,将其按照代码及 (x, y, H) 三维坐标或其他成果形式录入电子手簿或电脑。

2. 数字测图方法。

一般进行数字测图要经过以下几个过程:资料及测图准备→野外碎部点采集→数据传输→数据处理→图形编辑→检查验收。

根据所使用设备的不同,内外业一体化数字测图方法有以下两种方法:

(1)草图法。草图法是在野外利用全站仪或电子手簿采集并记录外业数据或坐标,同时手工勾绘现场地物属性关系草图,返回室内后,下载记录数据到计算机内,将外业观测的碎部点坐标读入数字化测图系统直接展点,再根据现场绘制的地物属性关系草图在显示屏幕上连线成图,经编辑和注记后成图。

(2)电子平板法。在野外用安装了数字化测图软件的笔记本电脑或掌上电脑直接与全站仪相连,现场测点,电脑实时展绘所测点位,作业员根据实地情况,现场直接连线、编辑和加注成图。具体测绘时应根据已展绘在电子平板的控制点或中桩记录(可利用中线上的百米桩、公里桩等作为控制桩再进行公路带状地形图的测绘),测绘导线两侧带状地形图,比例尺 1∶2000。

3. 应交资料同"方案一"。

五、仪器操作考核及成绩评定办法

仪器操作考核及成绩评定办法可参照"方案一"执行,但仪器考核可重点考核全站仪的坐标测量和坐标放样的实际操作,各校可根据自己的实际情况制定考核标准。

附录
FULU

附录一 国家职业技能鉴定规范

（工程测量工考核大纲）

中级工程测量工鉴定要求

1. 适用对象

从事工程测量的技术工人。

2. 申报条件

取得初级职业资格证书后，并连续从事本工种工作五年以上。

3. 考生与考评人员比例

(1) 理论知识考试原则上按每 20 名考生配备 1 名考评人员 (20∶1)。
(2) 技能操作考核原则上按每 5 名考生配备 1 名考评人员 (5∶1)。

4. 鉴定方式和时间

本工种采用理论知识考试和技能操作考核两种形式进行鉴定。技能操作考核由 3~5 名考评人员组成考评小组进行考核，考该分数取其平均分。

(1) 理论知识考试时间为 120 分钟，满分 100 分，60 分及格。
(2) 技能操作考核时间为 120~240 分钟，满分 100 分，60 分及格。
(3) 理论知识考试和技能操作考核均及格者为合格。

5. 鉴定场所和设备

(1) 理论知识考试在不小于标准教室面积的室内进行。
(2) 技能操作考核在室外进行。
(3) DS_1 型或 $DS_{0.5}$ 型精密水准仪和 DJ_2 型经纬仪及电磁波测距仪等。

中级工程测量工

项 目	鉴定范围	鉴 定 内 容	鉴定比重
知识要求(100) 基本知识	1. 测量误差一般理论知识	(1)测量误差的概念及基本知识。 (2)水准测量的主要误差来源及其减弱措施，如仪器误差、观测误差、水准尺倾斜误差及外界因素影响。 (3)水平角观测及电磁波测距仪的误差来源及其减弱措施，如仪器误差、仪器对中误差、目标偏心误差、观测误差及外界条件误差	15
	2. 控制测量知识	(1)平面控制测量的布网原则及测量方法，如三角测量、三边测量、导线测量。 (2)高程控制测量的布网原则及测量方法。 (3)电磁波测距仪测距的基本原理、结构和使用方法。 (4)城市坐标与厂区坐标换算的基本原理和计算方法。 (5)施工控制网的基本概念	15
专业知识	1. 地形测量知识	(1)地形测量原理及工作流程。 (2)图根控制测量的主要技术要求。 (3)大比例尺地形图知识。 (4)地形图图式符号的使用	10
	2. 建筑工程测量知识	(1)工业与民用建筑工程施工测量的方法及主要技术要求。 (2)建筑方格网、建筑轴线的测设方法。 (3)拨地测量的施测方法	15
	3. 水利工程测量知识	(1)水下地形测量的施测方法。 (2)桥梁、水利枢纽工程的施测方法	5
	4. 线路工程测量知识	(1)铁路、公路、架空送电线路工程中线的测设方法。 (2)圆曲线、缓和曲线的测设原理及测设方法。 (3)地下管线测量的施测方法及主要作业流程	15
	5. 建筑物沉降、变形观测知识	(1)各类建筑物、桥梁、烟囱、水利工程沉降、变形观测的基本知识和施测方法。 (2)建筑物沉降观测的精度要求和观测频率	15
相关知识	计算机知识	(1)微机基本组成部分及应用知识。 (2)可编程袖珍计算机的使用及其简单编程方法	10
技能要求(100) 操作技能	中级操作技能	(1)一、二、三级导线测量的选点、埋石、观测、记录方法及内业成果整理。 (2)二、三、四等精密水准测量的选点、埋石、观测、记录方法及内业成果整理、高差表的编制。 (3)对 DJ_2 型光学经纬仪、DS_1 型水准仪进行常规项目的检验与校正。 (4)能够组织完成定线、拨地测量工作。 (5)组织实施一般建筑物、桥梁、水利工程的沉降变形观测工作。 (6)道路圆曲线和一般缓和曲线及各类工程放样元素的计算及实地测设工作。 (7)使用袖珍电子计算机或电子手簿进行野外测量记录。 (8)二、三、四等水准仪测量和一、二、三级导线测量的单结点平差计算及一般工程测量的计算工作	80

续上表

项　　目	鉴定范围	鉴定内容	鉴定比重
工具设备的使用与维护	1. 工具的使用与维护	温度计、气压计的正确读数方法及维护常识袖珍计算机的安全操作和保养方法	5
	2. 设备的使用与维护	(1) DJ_2 和 DJ_6 经纬仪、精密水准仪、精密水准尺、各类全站仪的正确使用方法及保养常识 (2) 光电测距仪电池正确充电方法及线路连接	5
安全及其他	安全作业	(1) 熟悉各种测绘仪器、设备的安全操作规程,并严格执行 (2) 掌握野外测量安全知识,严格执行安全生产条例	10

高级工程测量工鉴定要求

1. 适用对象

从事工程测量的技术工人。

2. 申报条件

取得中级职业资格证书后,并连续从事本工种工作五年以上。

3. 考生与考评人员比例

(1) 理论知识考试原则上按每 20 名考生配备 1 名考评人员(20∶1)。
(2) 技能操作考核原则上按每 5 名考生配备 1 名考评人员(5∶1)。

4. 鉴定方式和时间

本工种采用理论知识考试和技能操作考核两种形式进行鉴定。技能操作考核由 3～5 名考评人员组成考核小组进行考核,考核分数取其平均分。
(1) 理论知识考试时间为 120 分钟,满分 100 分,60 分及格。
(2) 技能操作考核时间为 120～240 分钟,满分 100 分,60 及格。
(3) 理论知识考试和技能操作考核均及格者为合格。

5. 鉴定场所和设备

(1) 理论知识考试在不小于标准教室面积的室内进行。
(2) 技能操作考核在室外进行。

(3)DJ₂型经纬仪。

项　目	鉴定范围	鉴定内容	鉴定比重
知识要求(100) 基本知识	1.测量误差一般理论知识	(1)测量误差产生的原因及其分类。 (2)衡量测量成果精度的指标,如中误差、平均误差、相对误差。 (3)水准观测、水平角观测、光电测距仪观测的误差来源及其减弱措施	15
	2.控制测量知识	(1)高斯正形投影中的投影带和投影面的基本概念及平面直角坐标系的概念。 (2)各种工程测量控制网的布网方案、施测方法和主要技术要求。 (3)工程测量细部放样控制网的布设原则、施测方法及主要技术要求。 (4)高程控制测量的布设方案及测量方法。 (5)工程测量控制网、细部放样网的平差计算方法	15
专业知识	1.建筑工程测量知识	(1)建筑工程放样的一般方法。 (2)高层建筑轴线的投测与标高的传递。 (3)拨地放样数据的计算与施测方法。 (4)全站仪的性能及操作方法	15
	2.线路工程测量知识	(1)线路中线的定线及里程桩的测设。 (2)线路纵横断面测量的方法与施测。 (3)地下管线测量的作业方法。 (4)圆曲线、缓和曲线放样数据的计算与放样	15
	3.地下坑道测量知识	(1)地下坑道工程贯通误差的概念。 (2)地下坑道工程贯通测量方法	10
	4.水利工程测量知识	(1)水利枢纽工程的控制测量与施工放样方法。 (2)大、中型桥梁的控制测量及施工	5
	5.变形测量知识	(1)变形观测的基本内容。 (2)变形观测的施测方法,如沉降观测、水平位移观测等	10
	6.高精度工程测量知识	高精度工程测量的基本内容及技术要求	5
相关知识	1.计算机知识	(1)袖珍计算机的使用方法及简单编程。 (2)微机基本结构及DOS操作系统	5
	2.测绘高新技术在工程测量中的应用知识	测绘高新技术在工程测量领域的应用情况及发展趋势	5

续上表

项　　目	鉴定范围	鉴定内容	鉴定比重
技能要求(100) 技能操作	高技能操作	(1)熟练掌握精密经纬仪、精密水准仪、电磁波测距仪、全站仪的操作技术。 (2)能对工程测量中级工进行一般技术指导。 (3)全站仪的常规操作及数据传输方法。 (4)按规范和设计要求制定工程控制网的施测步骤并组织实施。 (5)掌握大、中型工程的施工测量、竣工测量方法并编写施测报告或技术总结。 (6)在规范指导下进行地下贯通测量的施测工作。 (7)能组织完成一般工程测量工作,如地形图测绘、建筑工程测量、地下管线测量、工程测量、定线、拨地测量的施测工作及记录、计算工作。 (8)能组织完成导线测量包括一、二、三级导线及图根导线)和水准测量的平差计算工作(包括单节点)。 (9)了解工程测量常用专业仪器的操作方法,如激光经纬仪、激光铅垂仪	80
工具设备的 使用与维护	1. 工具的使用与维护	(1)温度计、气压计的读数方法及保护措施。 (2)袖珍计算机,微机的操作规程	5
	2. 设备的使用与维护	(1)精密经纬仪、精密水准仪、光电测距仪、全站型电子经纬仪的正确使用方法及保养知识。 (2)仪器电池充电放电方法。 (3)熟悉其他测绘仪器的保养常识	5
安全及其他	安全作业	(1)严格执行各种测绘仪器安全操作规程。 (2)掌握野外测量安全知识,严格执行安全生产条例	10

附录二　国家工人技术等级标准

（工程测量工）

工种定义

使用测量仪器，按工程设计和技术规范要求，为各类工程包括地形图测量、工程控制网的布设及施工放样、建筑施工、铁路、公路、航道、水利、桥梁、地下施工、矿山建设和生产、建筑物的变形观测等提供测量数据和测量图件。

适用范围

施工测量、市政工程测量、铁路测量、公路测量、航道测量、矿山测量、水工测量、水利测量。

学徒期

二年。

初级工程测量工

了解普通工程测量作业内容和作业规程，掌握地形测量、图根控制测量的基本技能，了解电子计算器的使用方法，在指导下从事工程测量作业，完成指定的单项任务。

知识要求：

1. 了解地形图的内容与用途，具有地形图比例尺概念。
2. 掌握常用的测绘仪器、工具的名称、用途及保养常识。
3. 掌握测量中常用的度量单位及换算。
4. 了解图根导线、图根水准的测量原理及计算方法。
5. 了解平板测图的原理及施测方法。
6. 了解地下管线的测量原理及施测方法。
7. 了解定线、拨地测量和建（构）筑物放样的基本方法。
8. 懂得野外测量的安全知识。

技能要求：

1. 能使用标杆、垂球架、光学对中器进行对中。
2. 能勾绘交线草图和断面图，绘制点之记。
3. 在指导下能进行图根水准、图根导线的观测、记录。
4. 掌握道路纵横断面测量，定线拨地放样的辅助工作。
5. 在指导下能进行普通经纬仪、水准仪、平板仪常规项目的检校。
6. 正确使用各类常用图式符号。
7. 能正确使用皮尺和钢卷尺进行量距。
8. 能应用电子计算器进行一般的计算工作。
9. 掌握地下管线测量的辅助工作。

工作实例：

初级工应掌握以下工作实例1~2项。

1. 绘制点之记或断面施测草图一例。

2. 图根水准观测、记录或图根导线水平角观测、记录一例。

3. 坐标放样数据计算一例。

4. 纵、横断面测量及绘制断面图一例。

5. 使用图解法测量管线工程一例。

6. 图根导线近似平差计算一例。

中级工程测量工

具有工程测量的一般理论知识及有关工程建设的一般专业知识,懂得地形测量、三角测量、水准测量、导线测量、定线放样、变形观测的一般理论知识,掌握各类工程测量的一般方法,包括工程建设施工放样、工业与民用建筑施工测量、线形测量、桥梁工程测量、地下工程施工测量、水利工程测量及建筑物变形观测的施测方法,了解袖珍计算机的应用技术,了解全面质量管理的基础知识,独立完成一般工程测量项目。

知识要求:

1. 二、三等水准测量及测量误差的基本知识。

2. 了解城市坐标与厂区坐标换算的基本原理及计算方法。

3. 懂得建筑方格网、道路曲线测设原理及测设方法。

4. 掌握各类建筑物、桥梁、烟囱、水利工程沉降、变形观测的基本知识和施测方法。

5. 懂得精密光学经纬仪、水准仪、精密水准尺的检校知识和检校方法。

6. 掌握归心改正、坐标传递、交会定点的原理和计算方法。

7. 掌握袖珍计算机的应用知识。

8. 了解水准观测、水平角观测、光电测距仪测距的误差来源及减弱措施。

技能要求:

1. 一、二、三级导线测量,二、三等精密水准测量。跨河水准测量的选点、埋石、记录、观测工作,内业成果整理、概算、高程表的编制。

2. 能进行道路圆曲线和一般的缓和曲线及各类工程放样元素的计算及测设工作。

3. 能进行 DJ_2 光学经纬仪、DS_1 型水准仪和精密水准尺常规项目的检验。

4. 组织实施一般建筑物和完成定线、拨地测量工作。

5. 组织实施一般建筑物、桥梁、烟囱、水利工程的沉降、变形观测工作。

6. 能进行水准网、导线网的单节点、双节点平差计算及交会定点和典型图形平差计算工作。

7. 能利用袖珍计算机进行平差计算,利用电子手簿进行外业记簿。

工作实例:

中级工应掌握以下工作实例一至二项。

1. 一、二、三级导线和二等水准观测,记簿各一例。

2. 导线网、水准网的单节点、双节点平差,三角测量概算,交会定点平差计算或典型平差计算一例。

3. 沉降、变形观测的计算和成果资料整理一例。

4. 道路工程圆曲线、缓和曲线、曲线元素计算和放样工作一例。

5. 组织实施工程控制网设计方案一例。

高级工程测量工

具有工程测量一般原理知识,了解高精度工程测量控制网、细部放样网、轴线及工艺设备的放样安装,竣工测量、变形观测的一般理论知识,具有电子计算机的一般应用知识,了解国内工程测量发展动态和新技术应用知识,熟练地掌握精密经纬仪、精密水准仪、光电测距仪的操作技术,掌握工程控制网、细部放样、竣工测量、变形观测的施测技术,能分析处理施测中出现的一般技术问题。

知识要求:

1. 了解高斯正形投影平面直角坐标系的基本概念。
2. 懂得地下贯通工程施工测量的原理和施测方法。
3. 掌握各种工程控制网的布网方案和施测方法。
4. 了解一般工程测量的基本原理和施测方法。

技能要求:

1. 掌握大、中型工程的施工测量、竣工测量技术,并编写工程技术总结报告。
2. 掌握测设大、中型桥梁的控制测量及施工、变形测量。
3. 在指导下能进行地下工程的贯通测量。
4. 能解决工程测量中的一般技术问题和质量问题。
5. 能对工程测量进行一般技术指导。

工作实例:

1. 实施中、大型工程测量、竣工测量和编写技术工作报告书一例。
2. 桥梁变形观测或地下工程贯通测量一例。

附录三 工程测量工技能知识要求试题

初级工程测量工
(略)

中级工程测量工

一、判断题(共30分,每题1.5分,对的打√,错的打×)

1. 施工控制网是作为工程施工和运行管理阶段中进行各种测量的依据。( )
2. 水下地形点的高程由水面高程减去相应点水深而得出。( )
3. 建筑工程测量中,经常采用极坐标方法来放样点位的平面位置。( )
4. 地下管线测量中,用平面解析坐标来表示地下管线的竣工位置,称为解析法管线测量。( )
5. 沉降观测中,为避免拟测建筑物对水准基点的影响,水准基点应距拟测建筑物100m以外。( )
6. 铁路工程测量中,横断面的方向在曲线部分应在法线上。( )
7. 大平板仪由平板部分、光学照准仪和若干附件组成。( )
8. 地形图测绘中,基本等高距为0.5m时,高程注记点应注记至cm。( )
9. 市政工程测量中,缓和曲线曲率半径等于常数。( )
10. 线路工程中线测量中,中线里程不连续即称为中线断链。( )
11. 光电测距仪工作时,严禁测线上有其他反光物体或反光镜存在。( )
12. 光电测距仪测距误差中,存在反光棱镜的对中误差。( )
13. 一、二、三等水准测量由往测转为返测时,两根标尺可不互换位置。( )
14. 三等水准测量中,视线高度要求三丝能读数。( )
15. 水平角观测中,测回法可只考虑2c互差。( )
16. 水平角观测时,风力大小影响水平角的观测精度。( )
17. 导线测量中,无论采用钢尺量距或电磁波测距,其测角精度一致。( )
18. 定线测量中,可以用支导线作为定线的控制导线。( )
19. 水准面的特性是曲面处处与铅垂线相垂直。( )
20. 地形图有地物、地貌、比例尺三大要素。( )

二、选择题(共20分,每题2分,将正确答案的序号填入空格内)

1. 测设建筑方格网方法中,轴线法适用于_____。
   A. 独立测区   B. 已有建筑线的地区   C. 精度要求较高的工业建筑方格网
2. 大型水利工程变形观测中,对所布设基准点的精度要求应按_____。
   A. 一等水准测量   B. 二等水准测量   C. 三等水准测量
3. 一般地区道路工程横断面比例尺为_____。
   A. 1:50 1:100   B. 1:100 1:200   C. 1:1000
4. 定线拨地测量中,导线应布设成_____。
   A. 闭合导线   B. 符合导线   C. 支导线

5. 经纬仪的管水准器和圆水准器整平仪器的精确度关系为：_____
 A. 管水准精度高 B. 圆水准精度高 C. 精度相同
6. 四等水准测量中，基辅分划（黑、红面）所测高差之差应小于（或等于）_____。
 A. 2.0mm   B. 3.0mm   C. 5.0mm
7. 光电测距仪检验中，利用六段基线比较法，_____。
 A. 只能测定测距仪加常数
 B. 只能测定测距仪的乘常数
 C. 同时测定测距仪的加常数和乘常数
8. 被称为大地水准面的是这样一种水准面，它通过_____。
 A. 平均海水面 B. 海水面   C. 椭球面
9. 与铅垂线成正交的平面叫_____。
 A. 平面   B. 水平面   C. 铅垂面
10. 水平角观测中，用方向观测法进行观测。
 A. 当方向数不多于 3 个时，不归零
 B. 当方向数为四个时，不归零
 C. 无论方向数为多少，必须归零

三、问答题（共 26 分，每题得分在题后）

1. 水准仪的主要轴线有几条？它们之间应满足什么条件？(7 分)
2. 用测回法观测水平角都有哪几项限差？（设方向数不超过三个）(5 分)
3. 线路工程测量中，什么是圆曲线元素？圆曲线主点用什么符号表示？代表什么意义？(7 分)
4. 简述用 DJ_6 级经纬仪进行测回法水平角观测的步骤。(7 分)

四、计算题（共 24 分，每题 8 分）

1. 用经纬仪进行三角高程测量，于 A 点设站，观测 B 点，量得仪器高度为 1.550m，观测 B 点棱镜中心的垂直角为 $23°16'30''$（仰角）。A、B 两点间斜距 S 为 168.732m，量得 B 点的棱镜中心至 B 的比高为 2.090m，已知 A 点高程为 86.093m，求 B 高程（不计球气差改正）。

2. 使用一台无水平度盘偏心误差的经纬仪进行水平角观测，照准目标 A 盘左读数 $\alpha_左 = 94°16'26''$，盘右读数 $\alpha_右 = 274°16'54''$，试计算这台经纬仪的 $2C$ 值。

3. 计算下表所列支导线各点（P_1、P_2）坐标

点号	角度观测值			方位角	距离	Y	X
	右旋 (° ′ ″)	左旋 (° ′ ″)	中数 (′ ″)	(° ′ ″)	(m)	(m)	(m)
M				271 05 57		5012.490	2913.098
A	205 47 12	25 47 54			198.096		
P_1							
P_2	36 51 06	216 51 18			56.123		
P_2							

高级工程测量工

一、判断题(共30分,每题1.5分,对的打√,错的打×)

1.《城市测量规范》(CJJ/T 8—2011)中规定,中误差的两倍为最大误差。(   )
2. 联系三角形法多用于对定向精度要求较高的地下通道的定向测量。(   )
3. 地形测量中,大平板仪的安置包括对中、整平。(   )
4. 地下管线竣工测量可不测变径点。(   )
5. 贯通测量中,利用联系三角形法建立联系测量,可通过重复观测来提高定向精度。(   )
6. 我国城市坐标系采用高斯正形投影平面直角坐标系。(   )
7. 水准仪管水准器圆弧半径越大,分划值越小,整平精度越高。(   )
8. 水下地形点的高程是用水准仪直接测出的。(   )
9. 市政工程测量中,有横断面图的地方,纵断面图可没有相应的里程桩号。(   )
10. 分别平差法导线网单结点平差计算中,坐标增量是用经过平差后的方位角计算的。(   )
11. 光电测距仪测距时,步话机应暂时停止通话。(   )
12. 水平角观测中,测回法比方向法观测精度高。(   )
13. 光电测距仪中的仪器加常数是偶然误差。(   )
14. 同精度水准测量观测,各路线观测高差的权与测站数成反比。(   )
15. 水平角观测一测回间,可对仪器进行精确整平。(   )
16. 计算机DOS操作系统基本命令中,DEL为删除文件命令。(   )
17. 建筑物放线测量中,延长轴线的标志有龙门桩和轴线控制桩两种做法。(   )
18. 沉降观测中,建筑物四周角点可不设沉降观测点。(   )
19. 建筑物变形观测不仅包括沉降观测、倾斜观测,也包括水平位移的观测。(   )
20. 铁路、公路施测的纵断面图,反映了线路中线上自然地面的变化状况。(   )

二、选择题(共20分,每题2分,将正确答案的序号填入空格内)

1. 地下贯通测量导线为_____。
   A. 闭合导线　　　　B. 附合导线　　　　C. 支导线
2. 地下贯通测量用几何方法定向时,串线法比联系三角形法测量精度_____。
   A. 高　　　　　　　B. 低　　　　　　　C. 一样
3. 用分别平差法进行导线网单结点平差计算时,应先计算_____。
   A. 结边坐标方位角最或然值
   B. 结点纵坐标最或然值
   C. 结点横坐标最或然值
4. 偶然误差具有的特性是_____。
   A. 按一定规律变化　　　　　　　B. 保持常数
   C. 绝对值相等的正误差与负误差出现的可能性相等
5. 高层建筑传递轴线最合适的方法是_____。
   A. 经纬仪投测　　　B. 吊垂球线　　　　C. 目估

6. 二等水准测量观测时,应选用的仪器型号为_____。
   A. DS0.5 型　　　　B. DS1 型　　　　　　C. DS3 型
7. 光电测距仪的视线应避免_____。
   A. 横穿马路　　　B. 受电磁场干扰　　C. 穿越草坪上
8. 可同时测出光电测距仪加常数和乘常数的方法是_____。
   A. 基线比较法　　B. 六段解析法　　　C. 六段基线比较法
9. 高斯正形投影中,离中央子午线愈远,子午线长度_____。
   A. 愈大　　　　　B. 愈小　　　　　　C. 不变
10. 水准测量中,水准标尺不垂直时,读数_____。
    A. 变大　　　　　B. 变小　　　　　　C. 不影响

三、问答题(共 26 分,每题得分在题后)

1. 平面控制测量的方法有几种?三角网的必要起算数据是什么?(6分)
2. 建筑物变形观测的主要项目有哪些(6分)
3. 当地下通道是通过两个竖井对向掘进时,影响横向贯通误差的主要因素有哪些?(7分)
4. 城市高程控制网的布网要求是什么?(7分)

四、计算题(共 24 分,每题 8 分)

1. 见附图 1,已知 B、D、F 三点坐标及 AB、CD、EF 的方位角,并已实测 $\angle_{ABG}$、$\angle_{CDG}$、$\angle_{EFG}$
   即 $\alpha_{AB}=90°00'00''$　　$\angle_{ABG}=50°33'00''$
   B 点坐标 $y_B=5147.309\text{m}$　　$x_B=3000.000\text{m}$
   $\alpha_{CC}=272°04'22''$　　$\angle_{CCG}=242°30'30''$
   C 点坐标 $y_C=5119.934\text{m}$　　$x_C=3000.992\text{m}$
   $\alpha_{EF}=268°46'35''$　　$\angle_{EFG}=306°52'51''$
   F 点坐标 $y_F=5027.382\text{m}$　　$x_F=2999.015\text{m}$

试计算两组 G 点交会坐标,并问在拨地测量中,两组 G 点交会坐标是否超限,若不超限则求其平均值。

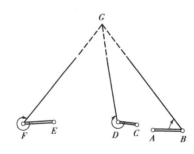

附图 1

2. 由附图 2 已知:
   (1) AB 直线方位角 $\alpha_{AB}=179°49'03''$
   (2) 直线上 A 点的坐标为 $y_A=5025.049\text{m}$　　$x_A=2988.793\text{m}$
   (3) 曲线圆心坐标 $y_0=4810.111\text{m}$　　$x_0=3253.093\text{m}$
   (4) 曲线半径 $R=350.000\text{m}$

求直线 AB 与曲线交点 B 之坐标 y_B、x_B。

3. 如附图 3 所示,在公路工程测量中,已知 AB 方位角 $\alpha_{AB} = 289°42'28''$, BC 方位角 $\alpha_{BC} = 293°49'34''$, B 点的坐标 $y_B = 5557.329\text{m}$, $x_B = 3001.035\text{m}$, 桩号为 K2+419.57, 曲线半径 $R = 1500.000\text{m}$, 求算曲线元素:曲线长 L, 切线长 T, 外距 E, 转角 α, 圆心坐标及曲线主点 BC(ZY)、MC(QZ)、EC(YZ)的桩号。

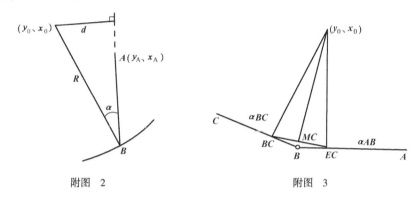

附图 2　　　　　　　　　　附图 3

参 考 文 献

[1] 李仕东. 工程测量[M]. 4版. 北京:人民交通出版社股份有限公司,2015.